독도 생명문화 이야기

괭이갈매기, 땅채송화와 미생물의 섬

독도 생명문화 이야기

괭이갈매기, 땅채송화와 미생물의 섬

김사열

경북대학교출판부

김사열

ghimsa@knu.ac.kr
http://www.facebook.com/ghimsa

코펜하겐대학교 박사학위 취득(1993)
(현) 경북대학교 생명과학부 교수
(현) 경북대학교 울릉도 · 독도연구소, 미생물연구소 연구원
저서: 『과학을 향한 끝없는 열정-파스퇴르』(공역, 사이언스북스, 2006)
『생명공학에세이-공존과 대안』(도서출판한빛, 2007)
『Natural heritage of Korea, Dokdo』(공저, 문화재청, 2009) 등 15권

독도 생명문화 이야기
괭이갈매기, 땅채송화와 미생물의 섬

초판1쇄 2012년 3월 28일 | **초판2쇄** 2013년 8월 30일
지은이 김사열 | **펴낸이** 함인석 | **펴낸 곳** 경북대학교출판부
출판등록 1973년 10월 10일 ㉣97호 | **주소** 대구광역시 북구 대학로 80번지
전화 053-950-6741~3 | **팩스** 053-953-4692 | **E-mail** press@knu.ac.kr
ISBN 978-89-7180-341-7 03470

값은 표지 뒷면에 있습니다.
파본은 바꾸어 드립니다.

[이 책은 대구경북연구원의 지원을 받아 집필되었음]

방사성 봄비 맞고 있을 독도를 그리며

"독도(Dok-do)는 우리 땅!"

한국 측과 독도라는 섬을 사이에 두고서, 일본 측이 벌이는 영유권 주장은 국제사회에서 매우 끈질기고 체계적인 것으로 비칩니다. 반면에, 한국 측은 다소 감정적이고 엉성하기 짝이 없어 보입니다. 그것은 한국 사람들이 독도를 자기 영토로 당연시 여겨 방심하고, 일본인들은 생떼를 써야 하는 입장에서 교묘하게 접근해 왔기 때문일 것입니다.

과연, "독도 문제는 어떻게 접근해야 하는가?"

한국 측이 사실상 독도를 실효적으로 지배하고 있지만, 일본은 100여 년 전처럼 여전히 강대국이어서 우리는 긴장감을 가지고 보다 적극적으로 방어해야만 합니다. 약소국인 한국은 만약 독도가 위기에 처하게 되면 그 상황에 대하여 소리를 질러 주위에 알려야 합니다. 독도 문제에 대하여 온 겨레가 힘과 지혜를 모아 적극적으로 대응해야 합니다.

1910년 8월 29일 한일병합조약에서도 총리대신 이완용과 조선통감 데라우치 마사타케가 조인을 완료한 사실을 1주일간 비밀에 부쳤다가 황제의 어세를 날인하여 칙유와 함께 병합조약을 반포하였음을 우리는 잘 알고 있습니다. 조선이 일본에 식민지화되는 엄청난 병합공작의 시작이 그렇게 '조용하게' 이루어졌습니다. 강자가 여전히 억지를 부리는데, 약자가 점잖게 대응하면서 더 이상 '조용한 외교'로 세월을 보낼 수는 없지 않겠습니까?

그렇다면, "독도 문제는 앞으로 어떻게 풀어가야 하는가?"

'한국에 의한 독도 실효적 지배라는 우위적 입장'에서 우리는 당당한 태도를 가지고 해야 할 일들을 실천해야 합니다. 동시에 우리가 독도를 사랑하는 과학적 증거를 지속적으로 축적해 가야 합니다. 예를 들자면, 전자를 위하여 유인도화 정책의 일환으로 '독도마을'을 친환경적으로 구축하고, 고위급 정치지도자들을 포함한 국민들이 꾸준히 독도를 방문하고 관심을 가져야 합니다. 후자를 위해서는 '독도종합해양과학기지' 설치와 함께 수준 높은 독도 연구가 체계적으로 이루어져야 할 것입니다.

동시에, 시민의 독도에 대한 관심 표현은 각자의 수준에서 다양한 접근 방식과 문제 풀기가 가능하리라 봅니다. 그러한 입장에서, 필자는 생명과학자의 한 사람으로서 이 소박한 수준의 저작을 통하여 독도에 대하여 당연한 주장을 펼치며 지금까지의 증거를 당당하게 기록으로 남기려고 합니다. 지난 수년 동안 필자가 인터넷 미니홈페이지에서 제공해 왔던 독도에 대한 두서없는 글과 현장 사진 자료를 정리하여 책으로 펴내도록 권유한 한티재의 오은지, 변홍철 두 분께 이 지면을 통하여 감사의 뜻을 밝힙니다. 그동안 이 책의 출판을 위하여 애써 준 경북대학교출판부와, 재정 지원을 해 준 대경연구원에도 감사하다는 말씀을 드립니다.

이른 아침, 봄을 부르는 비에 젖으면서 문득 동해상에서 방사성 비를 홀로 맞고 있을 독도가 그리워집니다. 그러면서 거기 독도에 살고 있는 소중한 생명들이 갑자기 보고 싶어졌습니다. 그들의 안위가 염려됩니다. 괭이갈매기와 바다제비, 오징어와 따개비, 땅채송화와 사철나무, 보이지 않는 미생물까지!

"날 좋아짐 독도에 퍼뜩 함 가볼라니껴!"

2012년 2월 20일 복현교정에서

김사열

차 례

독도 이야기와 기록 — 144

독도 문제 어떻게 풀까?

왜 '독도'인가?

동해에 위치한 독도가 우리에게 관심 대상이 된 것은 일본이 20세기에 와서 독도 영유권을 끈질기게 주장하면서부터라고 할 수 있다 소위 '선진국'으로 불려 온 일본이 그러한 불합리한 주장을 되풀이하게 된 데는 제국주의적 침략에 대한 일본 측 반성이 매우 미약한 탓도 있지만, 한국 측 대응이 감정적이거나 지속적이지 않은 것도 큰 몫을 한 것으로 보인다. 솔직히, 독도 문제는 일본으로서 '밑져야 본전'이지만, 한국으로서는 '잘해야 본전'인 셈이다.

우리는 역사적으로뿐만 아니라 현재에도 이미 독도를 실효적으로 지배하고 있어서 결국 일본 측 주장은 생떼 쓰기로 끝날 가능성이 크다. 그렇지만, 일본 정부가 자기네 교과서에 한국이 독도를 불법 점유하고 있다고 잘못 기재하는 행위를 방조하는 것이나 일부 일본정치인에 의하여 되풀이되어 온 독도 관련 망언을 종식시키기 위해서는 몇 가지 단호한 조처가 필요하다.

먼저, 우리는 독도 땅의 주인으로서 사람이 사는 권리를 독도에 행사하는 당당한 행위가 필요하다. 구체적으로, 독도에 주민이 살도록 하는 '독도 유인도화 정책' 도입이 필요하다. 물론 천연보호구역인 독도에 대한 개발은 친환경적이어야 하고 최소화되어야 할 것이다.

둘째로, 우리는 독도 땅의 주인으로서 자주 독도를 방문할 수 있어야 한다. 거기에는 일반 시민들뿐만 아니라, 정치지도자도 반드시 포함되어야 한다. 실제로, 그간 국무총리가 딱 한 차례 방문한 적이 있고 안타깝게도 우리나라 대통령 중에는 독도를 방문하는 용감성을 보인 이가 없었다. '독도에 대한 조용한 외교'라는 정책은 일본의 입지만 넓혀 준 감이 없지 않다.

셋째로, 우리는 독도 땅의 주인으로서 독도를 사랑하는 과학적 증거를 마련해야 한다. 그것은 다름 아닌 독도 자연에 대한 체계적인 연구 결과가 다양하게 축적되도록 하는 것이다. 거기에는 독도 인근에 '독도종합해양과학기지'를 구축하는 것도 포함될 수 있겠다.

마지막으로, 그러한 어처구니없는 주장에 대해 단호하게 조처한다 하더라도 기본적으로 한일 간에는 상생전략을 도입할 필요가 있다. 세상의 어느 나라든 잘못된 기류에 휩싸여 일시적으로 잘못된 판단이나 발언을 할 수 있기 때문에, 인내를 가지고 설득하는 합리적 태도가 필요하다. 독도 영유권 문제에 대한 일본 정부의 잘못된 입장을 듣고 우리가 일본인 모두를 적대시하는 태도를 가지는 것은 바람직하지 않다.

실제로, 교토대학 호리 가즈오 교수처럼 학자적 양심에 근거하여 1987년 독도가 한국의 영토라고 분명히 선을 그은 학자나, 이성적 판단으로 유사한 생각을 하는 시민 활동가들이 일본 내에 있다. 비록 다수는 아닐지라도 독도 상황을 제대로 보는 일본 측 양심세력과 연대하면서 독도 문제를 풀어 가는 것이 서로에게 이득이 될 것이기 때문이다.

동시에, 여타 문제에 대해서는 가능하면 한일 상호 간에 선린의 태도를 유지하는 것이 바람직하다. 예를 들자면, 최근 일본의 지진과 쓰나미, 원자력발전 사고 등에 대하여 우리나라에서 일본에 대해 도움의 손길을 내민 것과 같은 활동이다.

독도는 '생태자원의 보물창고'[1]

독도는 한국인에게 각별한 존재이다. 독도가 동해상에 떠 있는 그냥 하나의 섬이 아닌 것은 여러 가지 이유가 있어서이다. 무엇보다 독도는 한일 간에 영유권 문제로 논란이 되고 있기 때문이다. 오랜 역사의 기간 동안 우리 땅이었던 독도를 일본이 1905년 이후 제국주의적 침탈로 일시적으로 지배했던 것에 대하여 미련을 버리지 못하고 망동을 계속하는 것은 선진 문화국으로선 보일 수 없는 태도이다. 한국 정부는 국제적으로 지혜로운 정치 · 외교적 활동을 통하여 독도가 우리 영토임을 굳건히 지켜가야 할 것이다.

독도가 한국인에게 소중한 또 하나의 이유는 여러 가지 자원이 풍

1 2008년 9월 4일자 「매일신문」에 게재되었던 글의 원고이다.

부한 곳이기 때문이다. 자주 거론되는 가스 하이드레이트와 같은 에너지자원, 풍부한 해양자원 외에 독도에는 다양한 생태자원이 있다. 실제로 동물, 식물, 미생물 등을 포함하는 독도의 육상과 해양 생태자원은 특별하면서 무한한 잠재력을 지니고 있다.

독도가 생태자원의 보고인 것은 독도 자체의 섬 환경적 특성과 밀접한 연관이 있는 것으로 추정된다. 잘 알려져 있다시피 독도는 지질학적으로 울릉도보다 앞서 생성되었으며, 대륙붕의 크기까지 고려한다면 결코 작은 섬이 아니다. 먼저 독도 주변의 해양 환경은 한류와 난류가 만나는 곳이어서 다양한 해양생물이 공존하도록 허용하고 있다.

또한 독도의 육상 환경은 오랜 세월 동안 여타지역으로부터 분리된 채로 있으면서 다양한 스트레스를 이긴 생물 종들이 주로 적응하여 살도록 해주고 있다. 예를 들자면, 염분 농도가 높은 조건, 화산암 기반의 건조한 조건, 긴 겨울의 추운 온도 조건, 철새 집단이 방사하는 다량의 배설물에 의한 높은 요산 농도 조건 등을 이긴 생물종만이 생존할 수 있다는 것이다. 거기다가 독도가 화산암으로 이루어져 푸석푸석

할 뿐 아니라 지형이 가팔라 여전히 답사되지 않은 곳이 적지 않아 미기록종이나 신종 생물의 추가적 발견 가능성을 남겨놓고 있는 것도 사실이다.

독도에서 조사 보고된 식물은 목본류 4종을 포함하여 50여 종이 채 안 되고 대부분 울릉도의 식물상과 겹쳐 있다. 그렇지만 2007년 경북대학교 박재홍 교수 연구팀의 보고에 따르자면 '가는명아주'나 '돌피'처럼 실체가 분명하지 않은 분류군이 있어서 분석 결과에 따라 매우 소중한 생태종의 발견으로 이어질 가능성도 있다. 그뿐 아니라 독도는 식재종이나 외부유입종, 자생종 등에 대한 꾸준한 모니터링을 통하여 다양한 데이터를 제공받을 수 있는 '에코 랩(자연 속 생태실험실)'이어서 더욱 소중하다고 할 수 있다.

독도의 동물상 조사는 그간 주로 새를 중심으로 이루어져 왔다. 구

체적으로 철새의 이동경로 조사나 산란 조류의 생태학적 관찰, 천연기념물이나 멸종위기종 조류에 대한 관찰 등이 주류를 이루어 왔다. 최근 경북대학교 박희천 교수 연구팀이 '바다제비'의 번식 굴 주변에서 쇠무릎이라는 식물의 번성으로 해당 조류가 치사하는 현상을 발견한 것은 소중한 성과라 할 수 있다. 그러한 발견이 이루어질 수 있었던 것은 독도가 조류의 '에코 랩'으로서도 기능하고 있음을 보여 주는 좋은 사례라 할 수 있겠다. 그뿐 아니라, 경북대학교 황의욱 교수 연구팀이 3회에 걸쳐 해양무척추동물을 조사해 6개 동물문에서 총 48과 90종을 보고하였는데, 그중에는 26종의 독도 미기록종도 포함되었다. 그것은 독도가 해양무척추동물의 종 다양성을 허용해 주는 양호한 환경임을 반증하는 결과라 하겠다.

독도의 미생물은 그간 다수의 신종 발견으로 독도가 중요한 생태자원의 보고임을 드러내는 계기가 되었다. 한국생명공학연구원 윤정훈·오태광 박사 연구팀은 독도에서 분리한 미생물로부터 4개의 신속을 포함한 34개의 신종 세균에 대한 연구 결과를 2005년 이래 국제학술지에 발표하여 주목을 받았다. 한국해양연구원 독도전문연구사업단에서도 6종의 신종 미생물과 2개 신종 저서동물을 발견하여 보고하였다. 필자의 연구실에서도 지난 수년간 여러 차례 독도를 탐사하여 1,000여 종의 세균을 독도로부터 분리하였고, 1차 분석 결과 200여 종 이상이 신종 후보군임이 드러나 그 심층적 연구에 박차를 가하고 있는 중이다.

이렇듯 독도는 다양한 생태 자원의 보고이면서, 동시에 '에코 랩'으로서 소중한 장소임이 차츰 입증되고 있다. 독도의 이입종 식물 확산 같은 문제를 해결하려면 모든 입도인에게 오염원 제거 개념이 도입되어야 한다. 이미 상주하는 주민과 독도경비대, 등대지기 등뿐만 아니라 일시 방문자에게도 기본적인 환경 소양 교육이 필요하다고 여겨진다. 거기에 한반도에서 동도의 선착장에 들르는 다수의 관광객까지 독도 생태계 일원으로 고려하여 독도를 다루는 것이 필요할 것이다. 독도의 생태자원은 소중히 지키면서 동시에 지혜롭게 가꾸어 나가야 하기 때문이다.

Tip

독도에 도서관이 있나요?

필자가 독도에 조사연구차 간다고 하니, 한 중학생이 3가지를 물어 왔습니다.

"독도에 사람이 사나요?" "수십 명이 살지요."

"독도에 중학생도 있나요?" "아니, 독도에는 현재 성인만 삽니다."

"독도에 도서관 있어요?" "있지, '국회도서관 독도분관'이 있습니다."

세 번째 질문과 관련하여, 그 증거로 독도에 있는 도서관의 현판 사진을 아래에 게재합니다(2011년 여름 촬영). '국회도서관 독도분관'은 동도 정상 부근에 위치한 독도경비대 건물 내에 있습니다. 최근에 설치되어서 저도 직접 들어가 보지는 못했지만, 아마도 적절한 크기의 공간에 여러 권의 책이 비치되어 있을 것으로 짐작됩니다.

독도로 가는 길

동해의 외로운 섬 독도는 한국인이면 누구나 가보고 싶어 하는 곳이지만 실제로 독도를 다녀온 이는 그리 많지 않다. 그래서 필자가 독도에 다녀왔다고 하면, "어떻게 독도에 갈 수 있느냐?"고 묻는 이들이 적지 않다. 어떤 방법으로 독도에 가느냐? 당연히 여러 가지 방법이 가능하다.

독도 어떻게 가나?

먼저 독도가 해상에 있으니 헤엄쳐서 가는 방법이 있다. 독도는 울릉군에 속해 있는 섬이니, 수영을 해서 독도에 도달할 수 있다. 물론 아무나 할 수 있는 시도나 쉬운 길은 아니다. 상당한 기간 동안 수영 훈련을 하고 안전 설비를 하여 가려면 많은 준비와 협력뿐 아니라 적지 않은 비용이 들 것이다.

둘째로, 배를 타고 가는 방법이 있다. 이 경우에도 개인적으로 배를 빌려 탈 수도 있고, 정기선을 이용할 수도 있다. 전자의 경우 울릉군청 독도관리소의 허가를 얻어야 독도에 선박 접근이 허용되는 것으로 알고 있다. 후자의 경우도 파도가 너무 심하지 않아야 독도 내 동도 선착장에 접안이 되는데, 선착장의 제한된 구역 내에서 30여 분 이내 간단한 도보나 사진 찍기가 허용될 뿐이다. 독도가 국가에서 정한 '천연보호구역'이어서 부가적인 독도 체류나 선착장 외 방문이나 탐사는 반드시 사전 허가를 받아야 한다. 독도 주변의 돌 하나, 풀 한 포기에 대한 훼손은 물론이고 적은 양의 흙이나 물 시료 채취도 허가 없이는 불가능하다.

후자의 정기선 이용은 2단계로 이루어질 수 있다. 일단 뭍에서 독도에 가려면 울릉도의 도동항이나 저동항을 중간단계로 거쳐야 하는데, 4가지 노선이 있다. 실제로 경북 포항이나 후포에서 울릉도로 들어가는 정기선과, 강원도 묵호나 강릉에서 울릉도로 들어가는 정기선을 이용할 수 있다. 구체적으로 살펴보면, 포항에서 울릉도까지는 217km로, 바닷길을 3시간 정도 달려 도착할 수 있다. 묵호에서 울릉도까지는 161km 거리이며 2시간 20분 정도 소요된다. 후포에서 울릉도까지는

159km로 가장 가깝고, 강릉에서 울릉도까지 거리는 178km이다.

그 다음, 울릉도 도동항이나 저동항에서 독도의 동도 선착장 사이를 오가는 왕복 정기선이 있다. 물론 울릉도-독도 간 경우도 일기가 고르지 못한 날이나 겨울에는 오가는 배가 없다. 배가 독도로 갈 수 있는 때에도 실제로는 40% 내외의 접안율을 보인다니 독도 땅 밟기가 결코 쉽지 않다. 울릉도에서 독도로 가려면 남동쪽 방향으로 87.4km를 가야하고, 왕복(울릉도-독도-울릉도) 배 시간은 3~5시간 정도 된다.

정기선을 이용하는 비용은 포항에서 울릉도까지 왕복 약 11만 원, 독도까지 4만 5천 원이어서 전체 뱃삯만 15만 원 이상 드는 셈이다. 묵호에서 울릉도까지는 왕복 약 10만 원, 독도까지의 비용을 포함하면 역시 15만 원 정도 든다. 대체로 파도가 심하여 어느 경우든 멀미약을 출항 1시간 전에 복용하거나 멀미방지용 패치를 몸에 부착해야 편안하게 여행할 수 있다는 사실을 명심해야 할 것이다.

다소 특별하긴 하지만, 울릉도에서 독도로 들어갈 때 정기선을 이용하지 않고 배로 가는 방법이 하나 더 있다. 바로 사동항에서 '독도평화호'를 이용하는 것이다. 그런데 이 방법은 공적인 임무를 띤 사람이 정부와 지자체의 사전허가를 받아 이용할 수 있으므로 일반인에게는 허용되지 않는 방법인 셈이다.

마지막으로, 헬리콥터와 같은 비행체를 이용하는 경우가 있다. 실제로 산림청이나 경찰청 같은 기관이 가진 헬기를 타고 가는 것인데, 이때 독도 동도 정상 부근의 헬기장을 이용한다. 이것은 아무에게나 허용되는 방법이 아니지만, 솔직히 말하자면 조류 산란 방해를 포함한 독도 자연 훼손을 고려하여 시도하지 말아야 할 방법이다. 행글라이더와 같은 비행기구를 이용할 수도 있는데, 독도 접근을 해당 기관으로부터 사전에 양해받아야 시도할 수 있을 것이다.

독도 입도 절차는?

독도에 대한 입도 절차는, 일반관람객의 경우 신청인이 1차적으로 예약선사를 통하여 예약한다. 그 후 여객선사가 일괄 입도 신고를 하면 울릉군에서 신고필증을 교부받는 과정을 거치게 된다. 여러 가지 특수 목적의 경우에는, 신청인이 신청서 작성 및 신고를 하면 울릉군에서 문화재청과 협의하여 신고필증을 교부하게 된다. 그 후에 신청인이 직접 입도 선편 확보나 방법을 마련해야 한다. 여기서 학술연구 목적의 경우에는 경북도지사의 사전 승인과 문화재청장의 허가가 반드시 있어야 한다.

이렇게 법적 절차를 밟았다고 해서 독도에 들어갈 수 있는 것은 아니다. 자연적인 기상조건이 허락되어야 최종적으로 독도 땅을 밟을 수가 있다. 실제로 배가 독도 주변까지 갔다가 파도의 세기나 방향이 접안에 위험한 정도라 그냥 섬 주변을 맴돌다가 오는 경우도 허다하기 때문이다. 독도에 접안이 허용되는 날이 연중 70여 일이 채 되지 않는다고 하니 기상조건의 허락이 절실하다. 연구 목적으로 오전에 독도에 입도했다가 기상조건의 변화로 같은 날 오후 다른 배가 접안하지 못하여 탐사연구자들이 여러 날 동안을 독도에 갇혀 지낸 경우가 적지 않다.

여기 아래에 올린 사진은 필자가 2008년 4월에 울릉도에서 독도로 타고 갔던 '삼봉호'와 그 주변 모습을 담고 있다. 왼쪽 사진은 울릉도 도동항에서 독도로 가는 승객들과 배의 측면을 찍은 것이고 오른쪽 사진은 동도 선착장에 닻을 내리고 있는 삼봉호를 선수 방향에서 찍은 것이다. 묵호나 포항을 포함하여 뭍에서 울릉도로 오는 배의 크기에 비하여 울릉도-독도 간을 오가는 배는 상대적으로 작다.

Tip

독도에서 인터넷 접속과 휴대폰 통화가 가능한가요?

필자가 독도에 간다고 하면 적지 않은 이들이 2가지 이야기를 합니다. 하나는 독도에 한번 가보고 싶다는 것입니다. 독도는 열린 관광지여서 누구나 원하면 관광객으로 독도에 갈 수 있습니다. 물론 '날씨가 허락해야'라는 단서가 붙지만…. 다른 하나는 독도에서 인터넷 사용이나 휴대폰 통화가 가능한가입니다. 대답은 "둘 다 가능합니다."

인터넷 접속의 경우, 현재에는 몇 개의 선만 외부와 연결되어, 누구나 접속할 수 있는 것은 아니지만 일부 허락된 이에게는 가능한 것이 사실입니다. 조만간에 독도에 광케이블을 설치할 것이라고 하니 인터넷 접속이 이전보다 훨씬 손쉬워질 전망입니다. 2011년 여름 필자가 독도를 방문하였을 때, 동도 정상 부근에서 와이파이 존이 형성되어 스마트폰을 통한 인터넷 접속을 할 수 있었습니다.

독도에서 전화 소통과 관련해서는 아마도 오래전부터 무전기 통화가 가능했을 것입니다. 등대와 경비대에서는 외부와 소통이 반드시 필요했을 것이기 때문입니다. 현재에는, 일반 방문자라 하더라도 독도에서 휴대폰 통화를 할 수 있습니다(위쪽 사진: 동도 정상 부근에 설치된 통신용 안테나 시설). 스마트폰 통화도 가능합니다.

울릉도 들르기

울릉도 도동항의 첫인상

2007년 초가을(2007년 9월 13일~15일) 필자는 경북대학교 울릉도 · 독도연구소의 일원으로 미생물 시료를 채취하기 위하여 울릉도와 독도를 다녀왔다. 당시 16명이라는 제법 많은 인원이 참가하여 독도의 암석, 새, 식물 등에 관하여 다양한 탐사 연구를 실시하였다.

독도 미생물 연구 덕택에 필자는 그때 생애 처음으로 울릉도에 가게 되었다. 연구팀 일행은 9월 13일 이른 아침 경북대학교 산격동 교정에서 출발하여 포항 여객선 선착장으로 갔다. 거기서 다시 오전 10시 30분에 출발하여 3시간 30분 정도 걸려서 울릉도에 도착하였다.

울릉도는 '화산섬'이라는 생각이 강하게 각인될 정도로 도동항 주변 풍경이 특이하게 느껴졌다. 검은색을 띤 화산암 바위가 다소 이색적이었기 때문이다. 여기 올린 사진은 바로 도동항 주변 경치를 담아 본 것이다. 왼편은 도동항에서 바다 방향으로 찍은 것이고, 오른편은 역으로 울릉군청 방향으로 각각 촬영한 것(2010년 10월 22일)이다.

'울릉도' 하면 무엇보다 '오징어'가 먼저 떠오른다. 그런데 2007년 9월 당시는 다소 일러서 오징어잡이 배가 그리 많이 눈에 띄지는 않았다. 그래도 도동항 주변에서 조명장치가 어지럽게 달린 몇 척의 오징어잡이 배를 포착하였다. 오징어잡이배 가까이에서 오징어를 말리는 풍경도 사진으로 담을 수 있었다.

2010년 10월 22일에 포항에서 쾌속관광선을 타고 울릉도 도동항에 도착하였을 때에도 무엇보다 먼저 눈에 띈 것은 역시 오징어였다. 떼

를 지어 허공에 매달린 채 건조되는 오징어! 그것을 보니 맛있겠다는 생각보다 오히려 연민의 정이 느껴졌다.

울릉도 사동항의 '독도평화'호

2010년 가을 독도 방문에서는 경북대학교 울릉도 · 독도연구소 연구팀이 필자를 빼고는 모두 대학원생이어서 본의 아니게 필자가 대표 인솔자가 되었다. 2010년 10월 22일 울릉도에 도착하여 하룻밤을 잔 후, 다음 날 이른 아침 대학원생들을 깨워 울릉도 도동항 주변 숙소를 나와서 사동항으로 갔다. 가을 바다 아침 공기가 상쾌하였다.

거기 사동항에는 우리 일행을 독도로 실어다 줄 '독도평화'호가 정박해 있었다. 그 배는 울릉군청이 관리하는 것인데, 공무 수행에만 쓰도록 되어 있어서 일반인에게는 탈 기회가 잘 주어지지 않는다. 필자도 말로만 듣던 '독도평화'호를 그날 처음 보았다.

독도에 가서 위령제를 지낼 사람들과 우리 일행은 '독도평화'호를 함께 타고 갔다. 배 이름에 붙은 그 '평화'라는 단어가 마음에 들었다. 왜냐하면 '평화'는 우리 겨레에게 너무도 간절한 바람이고, 전 세계적으로 지구 생태계에 사는 인류 공동체에게도 매우 소중한 가치이기 때문이다.

울릉도에서 독도로

독도 접안이 쉽지 않기 때문에 울릉도에 가는 일정은 방문자 마음대로 잡을 수가 없다. 그러다가 2008년 봄 필자는 다시 울릉도에 가게 되었다. 먼 바다에 파고가 높다 하여 예정보다 일정이 하루 연기되어 정확하게 2008년 4월 20일 이른 아침에 대구에서 포항 연안여객선 항구로 갔다. 예정대로 배는 출발했지만, 탑승객 대부분이 엄청난 배 흔들림으로 멀미를 해야 했다. 무척 힘든 여정이었다. 오전 10시에 출발하여 3시간 30분쯤 걸려 울릉도 도동항에 도착하였다.

2008년 4월의 독도 뱃길은 무척 험난했다. 극심한 파도로 대부분의 독도 방문자는 심한 뱃멀미를 겪어야 했다. 그것은 탐사연구자들도 예외가 아니었다. 독도 땅을 밟는 이가 누리는 행운에 대한 일종의 대가를 지불한 셈이다. 다소 작은 배인 '삼봉호'를 타고 파도가 넘실대는 독도로 갔던 기억이라니! 그 출정 모습에 대하여 어떤 이는 '목숨을 건 탐사'라고 표현하였다.

Tip

울릉도에 왠 이장희 노래비?

2011년 11월 11일 오전 11시에 경상북도 울릉군 평리에서 가수 이장희 씨의 노래비 제막식이 열렸습니다. 2011년 11월 11일자 〈스포츠경향〉 오광수 기자의 기사내용에 따르면, 그 제막식은 이 씨의 농장 '울릉천국' 내에서 열렸다고 합니다. 이날 500여 명이 참석한 제막식에서 이장희 씨는 울릉도를 예찬한 자작곡 '울릉도는 나의 천국'을 발표했다고 합니다(〈스포츠경향〉 사진 속 맨 오른쪽에 두 팔을 치켜든 사람이 바로 가수 이장희 씨).

'그건 너'라는 노래로 널리 알려진 가수 이장희 씨는 1980년 미국으로 건너갔다가 2004년부터 울릉군 북면 평리로 이주하여 조용히 농사를 지으며 살고 있습니다. 〈스포츠경향〉 기사에 의하면, 이장희 씨는 울릉도와 울릉도 특산품 등을 널리 알린 점을 높이 평가받아 2011년 10월에 경상북도로부터 '자랑스러운 도민상'을 수상했다고 합니다.

울릉도 둘러보기

울릉도 어떻게 보나?

포항이나 묵호에서 정기선을 타고 울릉도에 오면 방문자들은 대체로 도동항이나 저동항을 통하여 입항하게 된다. 여행객이 며칠 동안 울릉도에 머무는 경우에는 대체로 도동항 주변인 도동1리에 머물게 된다. 그것은 대부분의 숙박이나 민박시설뿐 아니라, 여행사나 관광버스, 택시, 렌터카 등이 도동항 주변에 몰려 있기 때문이다.

여행자의 울릉도 둘러보기는 일단 숙소 주변에서 시작될 수 있다. 해당 정보를 얻기 위해서는 울릉군에서 발행하여 배포한 울릉도 · 독도 지도를 먼저 확보하면 여러모로 편리하다. 방문자가 울릉도를 육상이나 해상에서 구경하는 방법은 여러 가지이다.

| 육상관광 |

먼저, 육상관광은 택시나 렌터카, 관광버스 등을 이용할 수 있다. 택시나 렌터카를 이용하면 다소 비용이 많이 들지만 여행자 본인이 가고 싶은 곳을 임의로 선택할 수 있다는 장점이 있다. 울릉도는 일주도로를 제외한 대부분의 도로가 경사가 심하여 승용차 택시가 드물고 대부분 사륜구동의 레저용 차량을 택시로 이용한다. 택시를 이용할 경우, 울릉도 주민이 많이 사는 몇 군데만 미터기 요금을 적용하고, 다른 곳은 임의로 정한 다소 비싼 요금을 지불해야 하므로 유의할 필요가 있다.

렌터카의 경우, 차량을 선택할 때 경사로가 많은 울릉도의 도로 사정을 고려해야 한다. 만약 여행자가 차를 손수 운전하게 되면 울릉도 곳곳에서 터널을 만나게 되는데, 터널 입구에 설치된 신호등을 정확하게 보고 출입해야 한다. 터널 내 도로 폭이 좁아 한 대의 차량만 다닐 수 있어서 신호등이 허락하는 방향을 유심히 보고 운전해야 하기 때문이다.

관광버스를 이용할 경우, 2종류의 정해진 왕복 코스를 둘러볼 수 있다. 하나는 도동에서 서쪽 방향으로 사동, 통구미, 남양, 태하, 현포, 천부를 거쳐 나리분지까지 가는 것이다. 다른 하나는, 도동에서 북쪽 방향으로 저동을 지나 봉래폭포를 거쳐 내수전일출전망대까지 가는 것이다. 어느 코스를 선택하든 3~4시간 정도 걸린다.

별도로, 버스 노선 주변에 있는 곳을 가고 싶을 경우에는, 성수기나

동절기에 약간의 변동이 있지만 3종류의 노선과 운행시간을 고려하면 경제적이고 효율적인 투어를 할 수 있다. 그 외에도, 특별한 이동시설을 이용할 수 있는데, 케이블카를 타고 망향봉 정상에 올라 도동항 주변을 내려다보거나, 태하항 부근에서 태하향목 관광모노레일을 이용할 수 있다.

걷기를 좋아하는 사람은 도동항에서 저동 촛대바위까지 1시간 거리의 해안산책로를 도보로 즐길 수 있다. 육상에서 별도로, 트레킹을 원하는 사람은 2가지 코스로 알려진 이른바 '울릉둘레길'을 이용할 수 있다. 자연생태 탐방코스는 저동리 내수전에서 시작하여 석포전망대까지이고, 생태문화 탐방코스는 서면 남양항에서 출발하여 옛태하령길을 거쳐 태하리 광서명 각석문까지이다.

등산을 즐기는 사람이라면 주로 3가지 코스 중 하나를 선택하면 된다. 구체적으로, 도동리 쪽에서는 대원사나 한국방송공사울릉중계소에서 출발하거나, 사동리 쪽에서는 안평전에서 출발하여 성인봉에 올랐다가 나리분지 방향으로 하산할 수 있다. 어느 쪽을 선택하건 산행에 4~5시간 정도 소요된다.

울릉도에서는 근년에 아름다운 해안을 따라 도로가 연결되고 있지만, 대부분 자동차 왕래를 위한 것이어서 자전거 타기를 좋아하는 이들에게는 아쉬움을 준다. 만약 그 평탄한 해안도로에 자전거 전용 길이 있다면, 여행자는 울릉도를 '멋진 자전거 여행지'로 기억하게 될 것이 분명하다. 아울러 여행객이 몇 시간 동안 자전거를 타고 해안 길을 즐기게 되면 관광체류 기간을 연장하는 효과도 가지게 될 것이다. 그렇지만, 산악자전거를 즐기는 수준의 여행자라면, 현재에도 천부에서 도동에 이르는 무려 33km의 오르락내리락 해안 길과 4.4km의 내수전에서 석포까지의 원시림 속 옛길을 충분히 즐길 수 있을 것이다.

| 해상관광 |

그 다음, 해상관광은 대체로 배를 이용한다. 유람선을 이용하면 울릉도 섬 일주도 가능하고, 울릉도 근처에서 가장 큰 섬인 죽도에 다녀올 수 있다. 비성수기에는 운항시간에 변동이 있을 수 있으나, 성수기에는 대체로 오전, 오후에 한 차례씩 유람선이 뜬다. 또한, 저동과 섬목 사이에는 도선이 수시로 있어서 쉽게 이용할 수 있고, 차량 선적도 가능하다.

울릉도 여행은 여행자의 취향에 따라 육상관광이나 해상관광 중 하나를 선택할 수 있지만, 대체로 두 종류를 섞어서 진행하는 경우가 많다. 그럴 때에도, 울릉도에 대한 생태학적 혹은 문화적 지식이 어느 정도 수준으로 축적되어야 지혜로운 선택이 가능할 것이다. 어느 경우든 울릉도가 섬이고 해양에 있다는 점을 고려해야 할 것이며, 바다낚시나 스킨스쿠버를 즐기는 이들에게 울릉도는 매우 매력적인 관광지일 수 있다. 아울러, 더운 여름에는 울릉도 해변 여러 곳에서 동시에 해수욕이 가능하다. 실제로, 내수전몽돌해변, 죽암몽돌해변, 추산몽돌해변, 남양몽돌해변, 통구미몽돌해변 등지에서 해마다 많은 사람들이 해수욕을 즐긴다.

울릉도 어딜 봐야 하나?

여행자가 울릉도에 가는 것은 대체로 독도 방문을 위한 들르기의 성격이 강한 편이다. 그렇지만, 정작 관광 대상으로서의 볼거리는 독도보다 울릉도에 많아서 울릉도 자체에 대한 관광 목적도 적지 않다. 어느 경우든 관광객이 울릉도에 며칠간 머물게 되면 "울릉도 어딜 봐야 하나?"라는 고민을 한다. 물론 어떤 입장에서 울릉도를 보느냐에 따라 사람마다 봐야 하는 곳과 시기가 다를 수 있다.

그래서 여기서는 지질학적 중요성의 관점에서 울릉도의 3곳을 주목하고자 한다. 이 견해는 세계지질공원추진위원으로서 유네스코에 울릉도를 '지오파크(Geopark)'로 선정해 달라고 활동 중인 경북대학교 장윤득 교수의 주장과 맞닿아 있다. 장 교수는 그 추진을 위하여 수없이 울릉도를 드나들며 탐사한 전문가여서 울릉도를 '지질학적 관광지'로 소개할 수 있는 적절한 안내자로 여겨진다.

울릉도에서 지질학적 관광지로 꼽을 수 있는 3곳 중 첫 번째는 '나리분지(왼쪽 사진)-알봉-성인봉' 일대이다. 이곳은 행정적으로 울릉군 북면에 속해 있다. 해안일주도로를 타고 북쪽 천부리 방향에서 차

량으로 접근하거나 도동에서 등산로를 따라 성인봉을 넘어 산행으로 접근할 수 있다. 이 일대에서는, 화산 폭발로 이루어진 섬 울릉도에서 가장 큰 화산인 성인봉(해발 983m)과 칼데라화구 내 새로이 분출되어 형성된 작은 화산 알봉(538m, 40쪽 오른쪽 사진)을 동시에 볼 수 있다. 이곳에는 울릉국화와 섬백리향 군락지(천연기념물 52호) 및 수십 종의 울릉도 특산식물이 서식하는 성인봉원시림(천연기념물 89호)이 있어서 식물생태학적으로도 매우 중요하다. 그 외에도 나리분지엔 중요민속자료인 '너와집'이 있으며, 문화재자료인 '투막집'은 이 일대 여러 곳에 흩어져 있다.

울릉도의 지질학적 관광지 3곳 중 두 번째는 '천부항-추산항-코끼리바위' 일대(42쪽 위 사진)이다. 이곳 역시 울릉도 북면에 속해 있으며, 차를 타고 북편 해안일주도로를 따라 접근하거나 선박을 이용하여 바다 쪽에서 항구로 접근할 수 있다. 송곳봉을 포함하여 울릉도 중심부 화산의 마무리 부분이 바다와 여기서 만난다. 이 일대에서 단연 돋보이는 곳은 소위 '공암바위'로 불리는 '코끼리바위'(42쪽 아래 사진)이다. 그것은 추산항 북서쪽 해안 가까이 해상에 '작은구멍바위', '수중바위' 등과 함께 있다. '코끼리바위'는 코끼리가 바닷물에 코를 담그고 물을 마시고 있는 듯한 형상에서 붙은 이름으로 보인다. 이 바위는 전체적으로 해발 50m 높이의 큰 바위지만, 높이 10m의 해식동굴이 한쪽 하단에 형성되어 있어서 코끼리가 특별한 포즈를 취하는 형상을 나타낸다.

'코끼리바위'는 용암 내 발달된 독특한 주상절리가 다양한 형태와 발달방향으로 인하여 매우 아름다운 풍경을 선사한다. 이 바위는 신생대에 형성되었는데, 조면암질 마그마가 냉각 및 수축되면서 다각형의 주상절리가 형성된 것으로 해석된다. '코끼리바위'를 유심히 관찰해 보면, 그 절리간격이 상부에서는 넓고, 하부로 갈수록 좁아지면서 방사

상으로 퍼진 형상을 취하고 있다.

지오사이트로서 '코끼리바위'는 바위 자체의 경관이 우수할 뿐 아니라, 주변 여러 봉우리들과 어우러진 해변의 경관이 매우 아름답다는 점에서 그 가치가 높다. 실제로, '코끼리바위'는 해가 비치는 방향과 관찰자가 서 있는 위치에 따라 모습이 달라진다. 이 주위 해변은 특히 석양에 석포일출일몰전망대 방향에서 서쪽으로 바라볼 때가 압권이다.

울릉도 지질학적 관광지 3곳 중 마지막은 '태하항-황토구미-대풍감' 일대이다. 이곳은 울릉군 서면에 속해 있으며, 일주도로를 따라 차를 타고 가거나 배를 타고 태하항으로 접근할 수 있다. 이 일대는 울릉도의 북쪽과 서쪽이 만나는 모서리에 해당한다. 이곳에서 가장 주목할 만한 것은 바로 '황토구미'(44쪽 위 왼쪽 사진)이다. '황토구미'라는 이름답게 서면 태하리 해안가에 위치한 동굴 안벽에 적색 황토층이 발달해 있다. 그러한 색깔은 응회암 내 철의 산화작용에 의한 것으로 알려져 있다. 그런데 분석 결과 철 성분이 무게당 평균 4.98%밖에 되지 않는다고 하니 그리 높은 편은 아니다. 이곳 황토구미의 적색층은 예로부터 적색안료로 사용되어 왔을 뿐 아니라, 조선시대 때는 울릉도 출장의 증거물로 조정에 제시토록 하였다니 행정사료로도 소중하다.

이 일대에는 해식동굴에서 지질학적 희소성이 있는 황토가 집중적으로 산출되는 것 외에도, 태하향목 모노레일과 태하 해안산책로(44쪽 아래 왼쪽 사진)와 같은 관광 인프라가 잘 갖춰져 있다. 또한, 이곳에는 천연기념물 49호 향나무자생지와 문화재자료인 태하리광서명각석문 등이 있다. 해변 화산석 바위 더미 위로 입체적으로 설치된 태하 해안산책로에서 북쪽 대풍감 방향으로 바라보거나(44쪽 위 오른쪽 사진), 남동쪽 만물상 방향으로 바라보는 풍경(44쪽 아래 오른쪽 사진)은 대단히 아름다워서 '울릉도 최고의 뷰티 사이트'라 해도 과언이 아니다.

울릉도에서 무엇을 먹을까?

독도에 가기 위하여 잠시 들렀던 울릉도 내에 볼 일이 있어서 갔던 간에 여행객은 울릉도에 머물면서 여러 끼의 음식을 먹어야 한다. 그렇다면 울릉도에 가서 무엇을 먹을까? 얼핏 오징어나 호박엿, 명이나물, 취나물, 더덕 등의 특산물이 떠오를 것이다. 그런데 막상 '울릉도 음식'이라고 하면 대답이 쉽게 나오지 않는다.

주변 바다의 해물이나 산나물을 포함한 특산물을 주요 재료로 한 것이 울릉도 특산음식으로 꼽힐 수 있겠다. 예를 들자면, 바다 조개류를 자르고 데쳐서 볶음밥 형태로 만들어 간장에 비벼 먹는 것으로 '홍합밥'과 '따개비밥'이 있다. 마가목술이나 호박막걸리는 울릉도 토속주로 소개할 수 있겠다. 봄에 구할 수 있는 우산고로쇠 수액도 울릉도 특산물이다. 여기에는 쉽게 접할 수 있는 몇 가지 음식만 일단 소개하겠다.

| 생선회와 횟밥 |

울릉도에 가면 반드시 먹어 보아야 한 여러 가지 먹거리 중에 '생선회'와 '횟밥'이 있다. 울릉도가 동해상에 위치한 섬인지라 아무래도 주변 바다에서 잡은 '생선회'가 신선하다. 울릉도의 대표적 어항 중 하나인 저동항 주변에 가서 '생선회'를 시켜서 먹으면 제격일 것이다. 여기에 오징어가 제철이라면 오징어회를 포함시키자. 쫄깃한 오징어회를 먹다 보면 울릉도 바다를 생생하게 실감할 수 있을 것이다. 홍삼을 포함한 해삼류도 회로 먹으면 동해 바다 향취를 물씬 느낄 수 있다.

'횟밥'은 바로 새콤달콤한 '회덮밥'으로, 오징어가 섞인 생선회의 아삭아삭 씹히는 맛이 일품이다(왼쪽 사진). 여기에 '회덮밥'과 함께 나

오는 미역국이나 반찬류도 신선하다. 명이나물 장아찌(45쪽 오른쪽 사진)와 다양한 산나물, 해조류 무침 역시 울릉도 별미이다. 조금 다르긴 하지만, 주변 바다에서 잡은 한치물회와 같은 '물회' 요리도 있다.

| 오징어내장탕과 오삼불고기 |

울릉도 하면 오징어가 특산이고 풍부하다. 그래서 울릉도에 가면 오징어를 재료로 한 음식을 별미로 먹어 보아야 한다. 대표적인 것으로 '오삼불고기'(왼쪽 사진)와 '오징어내장탕'(오른쪽 사진)이 있다.

'오삼불고기' 요리는 오징어와 삼겹살을 양파, 당근 등의 채소와 함께 갖은 양념을 하여 불판에 구워 먹는 것이다. '오삼불고기'는 그야말로 양념돼지고기 요리의 일종이라 할 수 있다. 거기에 갓잡은 신선한 오징어를 쓴다는 점이 뭍의 '오삼불고기' 요리와 다른 점이다. 여행으로 다소 까칠해진 입맛에 자극을 주는 음식으로 제격이다.

'오징어내장탕'은 뭍의 식당에선 찾아보기 힘든 메뉴여서, 울릉도 특산 요리라 할 수 있다. 살아 있는 오징어에서 분리한 신선한 내장 부분을 손질하여 맵지 않게 간을 맞추어 국으로 끓여 낸 것이다. 시원한 국물 맛이 일품이다.

| 홍합밥과 따개비밥 |

울릉도 주변에서 잡은 조개류를 이용한 밥과 죽 요리도 별미로 꼽을 수 있겠다. 밥 종류로는 '홍합밥'과 '따개비밥'(왼쪽 사진), '소라밥' 등이 있다. 요리 방법은 서로 유사해 보이는데, 해당 조개를 말려 두었다가 볶음밥 형태로 섞어 요리하여 상에 내놓으면 그것을 간장에 비벼 먹는다. 또 조개류를 죽 종류로 만든 것으로 '홍합죽', '전복죽' 등이 있다. 면 종류로 '따개비 칼국수'(오른쪽 사진)도 있다.

| 더덕구이, 삼나물무침회, 산채비빔밥 |

울릉도는 해상의 화산섬이지만, 성인봉을 중심으로 산지생태계가 잘 발달해 있는 편이다. 그래서 울릉도는 나름대로 다양한 종류의 산나물을 야생으로 채취하거나 재배가 가능하다. 청정한 섬에서 자란 나물 종류를 보관하거나 말려 두었다가 요리해 먹으면 별미가 아닐 수 없다. 더덕구이가 포함된 '더덕정식'은 권할 만한 요리이다. 나리분지 인근 식당에 가면 '삼나물무침회'(48쪽 위 왼쪽 사진)와 '산채비빔밥'(48쪽 위 오른쪽 사진)이 있다. 특히 '삼나물무침회'는 장미과식물인 '눈개승마'의 어린 순을 무친 것으로 별미이며, 울릉도 특산 건강음식으로 알려져 있다.

| 약소 요리 |

울릉도에서 키우는 소는 오염되지 않은 울릉도 산야의 약초를 먹고 자란다 하여 특별히 '약소'로 불린다. 그 '약소'를 잡아 요리로 개발한 '약소숯불구이', '약소전골'(아래 사진), '약소곱창전골' 등이 있다. 뭍의 여타 지역에서 접하는 쇠고기 요리 방법과 다르지 않고, '약소'를 음식 주재료로 사용한다는 점이 특별하다 하겠다.

Tip

울릉도에서 선물로 무엇을 살까요?

누구나 여행을 끝내고 집으로 돌아갈 때가 되어 지인에게 줄 선물로 무엇을 살까 고민해 본 적 있을 것입니다. 현지에서 즐겨 먹던 음식을 싸서 갈 수는 없으니 역시 울릉도 특산물을 사게 되는 경우가 많습니다.

울릉도 하면 아마도 가장 먼저 떠오르는 것이 '오징어'와 '호박엿'일 것입니다. 부피가 그다지 크지 않고 가격도 크게 비싼 편이 아니어서 쉽게 손이 가지요. 그 중 '오징어'는 바싹 말린 것도 있고 피대기라고 하는, 반쯤 말린 것도 있어서 취향대로 고를 수 있습니다. '오징어'와 '호박엿'은 오래된 특산물로, 어느 가게에서나 쉽게 구입할 수 있어서 더 좋습니다.

그 다음으로, 울릉도산 나물 종류입니다. 재배 나물에 속하는 '명이나물'과 '더덕'이 있습니다. '명이나물'은 주로 장아찌로 가공한 것, '더덕'은 뿌리 부분이 날것이나 가공된 상태인 것으로 살 수 있습니다. 산채나물 종류는 생채로 혹은 충분히 말린 상태로 구입할 수 있습니다.

또한, 울릉도가 바다로 둘러싸인 섬이어서 '오징어' 외의 다른 해산물도 선물로 구입이 가능합니다. 무엇보다 '미역'이나 '다시마' 말린 것을 쉽게 구할 수 있습니다. 홍합이나 따개비도 말린 채로 구할 수 있습니다.

울릉도 특산술로는 '마가목술'이나 '호박막걸리'가 있습니다. 봄과 같은 절기를 맞추면 '우산고로쇠 수액'도 구할 수 있습니다. 최근에는 얼굴미용 팩도 개발되어 선물이 점차 다양해지고 있습니다. 구체적으로 '울릉도 호박 마스크'와 '독도바다 미역 마스크'(배경 사진 참고)라고 하여 각각 유기농호박과 미역 추출물을 함유한 영양 에센스 팩을 울릉도 현지 가게에서 구입할 수 있습니다.

독도 풍경

독도 입도와 선착장

잘 알려지지 않은 사실이지만, 독도에는 입도인 수와 체류 시간 관련 제한이 있다. 그것은 독도 전체가 천연기념물로 지정되어 있기 때문이다. 구체적으로, 2008년 봄 당시 관광객은 동도 선착장에서 1회 30분간만 체류할 수 있었다. 인원은 하루 최대 1,800명, 1회에 500명까지만 입도가 허용된다. 때로는 하루에 엄청난 숫자의 관광객이 입도 신청을 하기 위해 몰려오지만 그런 제한에 대하여 일반적으로 예외가 허용되지 않는다.

물론 독도 주변에서 어업활동을 허가받은 배들이 섬 주위에 머물 수는 있다. 그렇지만 어부들도 당연히 독도에 직접 발을 내디딜 수는 없다. 여기 올린 사진은 독도에 입도한 관광객과 독도 주위에서 조업 중인 어선의 모습을 각각 담고 있다.

2008년 4월 20일의 독도 동도 선착장 주변 풍경이다. "괭이갈매기가 독도를 점령하다!" 이 시기는 괭이갈매기의 번식기여서 많은 괭이갈매기가 여기저기서 출몰하고 있었다. 선착장 바닥도 아예 갈매기의 분비물로 도배가 되어 있을 정도였다. 동도와 서도 경사지에 빼곡히

앉아 있는 괭이갈매기 무리를 바라보노라면 마치 내가 새장에 갇혀 있는 듯한 느낌이 들 정도였다.

독도라는 섬 전체는 매년 봄부터 여름까지 괭이갈매기 산란장이라고 할 수 있다. 그 시기 섬 구석구석에는 온통 그들의 분비물이 널려 있고, 발을 디디기 어려울 정도로 수많은 알이 여기저기에 흩어져 있다. 또한, 바다제비가 괭이갈매기 번식시기와 조금 겹쳐서 한여름에 알을 낳아 부화한다고 하니, 독도는 동해에서 새들의 부화장으로 소중한 역할을 하는 셈이다.

한동안 독도에는 포유동물이 없었는데, 최근에 인간이 의도적으로 삽살개를 들여 놓았다. 2007년에 살던 것과 다르게 2011년에는 새로운 삽살개 '몽키'가 해양전투경찰들과 함께 관광객을 맞이하기에 바쁜 듯 보였다.

이제 "독도는 동물의 천국!"

독도 풍경

지구상 북서태평양 연해인 동해 중남부에 위치한 독도는 화산섬으로 알려져 있다.[2] 독도는 울릉도로부터 87.4km 떨어진 거리에 위치해 있다. 두 개의 큰 섬인 동도와 서도 및 89개 섬과 암석으로 이루어진 독도는 화산지형, 구조지형, 해안지형, 풍화지형 등을 고루 보여 준다. 파랑이나 염분 비말이 만든 해식애나 파식동은 풍화지형의 특징을 잘 나타낸다. 특히 해식애에는 높은 곳까지 타포니가 군데군데 형성되어 독도가 화산섬이라는 입체성을 도드라지게 하고 있다.

두 개의 큰 섬은 울릉도에서 동쪽으로 먼 곳에 위치한 동도와 그 서편의 서도이다. 동도와 서도 사이에는 삼형제굴바위와 촛대바위가, 북편 서도 가까이에는 김바위와 미역바위가 있다. 동도 남쪽에 위치한 동도 선착장 안에는 숫돌바위, 그 남쪽 방향에는 부채바위가 서 있어서 섬을 더욱 입체적으로 보이게 한다. 그 외 다른 많은 바위군은 서도의 서편과 동도 동편의 해안 가까이에 주로 위치해 있다.

필자가 두 번째로 참가했던 독도탐사의 일정은 2007년 10월 6일부터 8일까지였다. 일기가 흉흉하여 탐사 일정 조정에 어려움이 있었다고 전해 들었다. 독도 전체 모습을 독도에서 조금 떨어진 해상에서 찍어서 올려 본다(54쪽 사진). 서도의 서쪽에서 독도를 찍은 셈인데, 오른쪽 앞쪽이 서도이고, 저기 뒤 왼쪽이 동도이다. 차츰 필자에게도 독도는 애정이 더해 가는 섬이 되고 있다.

2 독도의 지형에 대해서는 『한국의 자연유산 독도』(경북대학교 울릉도 · 독도연구소, 문화재청, 2009)의 46~85쪽 내용을 참고하기 바란다.

독도의 봄

우리 한국인들이 살기가 바빠서 독도 사랑하기를 잠시 잊고 방심하고 있을 때에도 일본 정부가 잊지 않는 것이 있다. 그것은 바로 일본의 독도 고유영토 교과서 표기 관련 문제이다. 지진, 화산 폭발, 쓰나미, 원전사고 등으로 경황이 없었을 2011년 봄에도 일본 민주당 정권은 "이전 정권 때 이뤄진 교육기본법 개정(2006년), 학습지도요령 및 해설서 개정(2008년)의 후속조처라 어쩔 수 없다."라는 입장을 표명하며, '다케시마(독도의 일본식 표기)는 일본 땅'이라는 표기를 단계적으로 늘여 나갔다. 실제로, 일본 문부과학성은 독도 영유권 주장을 강화한 교과서 검정 결과를 2011년 3월 30일 발표하여 국가적으로 물의를 일으켰다.

여기서 일본 정부로부터 우리가 배워야 할 점은 아무리 살기가 바쁘고 힘들어도 독도 사랑하기를 지속해야 한다는 것이다. 어려움을 당한 이웃나라 사람을 인본주의적으로 돕는 구호활동과는 별개로 독도 사랑하기를 게을리하거나 잊어서는 안 된다. 더욱이 독도를 실효적으로 지배하고 있는 국가의 일원으로서 우리 정부 지도자와 학자, 국민들은 독도문제에 대해 당당한 태도를 보이고 독도 사랑에 대한 과학적 증거를 끊임없이 축적해 가야 한다.

긴 겨울 동안 춥고 매서운 바람이 불어 대는 독도에도 계절의 변화는 있다. 해마다 3~4월이면 어김없이 봄이 찾아온다. 여기 올린 사진은 지난 2008년 4월에 찍은 동도의 계단 주위 풍경이다(56쪽 사진). 독도의 화산암 절벽에는 땅채송화와 해국, 왕김의털, 개밀 등의 봄풀이 빼곡히 들어서 있고, 그 위 하늘에는 거기서 산란 부화하는 괭이갈

매기가 떼를 지어 날아다니고 있다.

경북대학교 울릉도 · 독도연구소는 2008년에 『독도의 자연』이라는 책을 경북대학교출판부에서 간행하였다. 거기에는 그간 소속 연구원들의 독도에 대한 지리, 지질, 생태 분야의 조사 결과와 연구 성과가 오롯이 실려 있다. 독도에 관한 주장과 사랑은 사람마다 다소 다를 수 있다고 생각한다. 일반적으로 주장은 자신이 가진 생각을 그냥 쏟아내면 되지만, 사랑은 증거물을 내놓아야 그 진정성을 인정받을 수 있다. 『독도의 자연』은 우리가 독도를 사랑하는 확실한 증거물 중 하나다.

미래에도 독도의 봄이 한국의 것으로 지속되려면, 지금부터라도 우리는 시간과 지혜, 재정 등을 아끼지 말아야 할 것이다. 독도의 봄은 우리에게 가짐과 즐김의 대가를 분명히 요구하고 있다. 겨레여, 온 힘을 모아 독도의 봄을 지켜 나가자!

동도 부근 이야기

울릉도와 독도를 오가는 배가 독도에 도착하는 곳은 동도의 선착장이다. 동도의 수리적 위치는 동경 131° 52′ 10″, 북위 37° 14′ 26″이고, 정상부 해발고도는 98.6m이다. 동도는 서편 선착장에서 계단으로 연결된 남쪽 능선부가 비교적 평탄한 편이어서, 등대와 통신시설, 전망대, 독도경비대 관련 건물이나 구조물 등이 들어서 있다. 동도 중앙부에는 높이 60~96m의 와지가 형성되어 해면 부근에서 천장굴(오른쪽 사진)을 통해 바다와 연결되어 있다.

약 2.8km 길이의 해안선을 가진 동도는 선착장 부근에 파식대와 자갈해안이 있다. 남서쪽의 숫돌바위와 탱크바위, 남동쪽의 얼굴바위, 동쪽의 독립문바위, 북동쪽의 한반도바위, 중앙의 천장굴 등이 동도의 특징적인 경관이다. 동도는 독도의 관문이자 하나의 소중한 얼굴인 섬이다.

동도 풍경

독도의 동도 전체 풍경을 담으려면 서도에서 사진을 찍어야 할 텐데, 그럴 경우에도 서도의 해변과 정상부에서 찍은 사진은 서로 다를 것이다. 그렇지만, 동도에 대한 자세한 모습은 동도에서 찍을 수밖에 없다. 먼저 동도에서 동도 여기저기를 찍은 사진을 여기에 올려 보았

다(57~58쪽 사진). 동도는 자세히 뜯어보면 예상보다 아기자기한 면이 많은 섬이다.

동도의 전체 모습을 사진이나 영상으로 잡으려면 역시 서도에서 찍어야 제격이다. 먼저, 서도 해변에서 동도를 담아 보았다(위 사진). 지난 2008년 4월에 독도를 방문했을 때 서도에 있는 '어업인숙소'에서 숙식을 하였다. 거기서 바라보았던 동도의 모습을 공개하고자 한다. 왼쪽 사진은 저녁 어스름이, 오른쪽 사진은 이른 아침 동도 풍광의 찬연함이 담겨 있다.

그 다음, 서도 정상부에서 동도를 찍은 것이다(60쪽 아래 사진). 2008년 6월 8일 처음으로 독도의 서도 정상부에 가게 되었다. 300개 이상의 계단이 설치되어 있지만 깎아지른 듯한 절벽을 오르는 일은 공포감이 적지 않았다. 해발고도 168m! 그곳에 오르니 마치 50층쯤 되는 고층건물의 옥상 끄트머리에 선 기분이었다.

그런데 서도 정상부근에서 동도를 바라보는 풍경은 압권이었다. 그것을 한마디로 표현하자면, "우와, 엄청나네!" 마치 절벽 꼭대기 끄트머리에 선 듯 다리가 후들후들 떨릴 정도였다. 괭이갈매기는 산란부화기여서 여기저기서 울면서 날고!

이것은 서도 꼭대기 위치에서 동도 방향으로 찍은 두 번째 사진이다(60쪽 위 사진). 그야말로 생동감 넘친다. 솔직히 그것은 사진으로 담아내기 어려운 독도 풍경이다. 서도 앞 끝 부분에 여러 마리 괭이갈매기가 도열한 모습이 이채롭다.

동도와 서도 사이

독도로 배를 타고 와서 동도 선착장에 내리면 방문자가 맨 먼저 보게 되는 경관은 동도와 서도 사이에 위치하는 것들이다. 동도와 서도 사이의 바다는 물이 맑아서 바닥이 들여다보일 정도로 비교적 깊이가 얕아 보인다. 동도나 서도 꼭대기 부분에서 그 사이 바다를 내려다보면 그것을 실감할 수 있다. 실제로 그 중간쯤에 파도에 휩쓸려 와서 모인 돌 무더기가 도드라져 올라와 띠를 형성하고 있는데, 얼핏 보면 동도와 서도 사이를 연결하는 지형으로 느껴진다.

서도 선착장 위치를 기준으로 그 북편 몽돌해안 가까이에 '촛대바위(장군바위)'가 있다. '촛대바위'는 동도와 서도 사이 해협에 촛대 모양으로 솟아 있어서 잘 다듬어진 조각품으로 보이며 '장군바위'라 불리기도 한다(62쪽 위 왼쪽 사진 속 왼편 바위). '촛대바위'의 북쪽에는 제법 크기가 큰 '삼형제굴바위'가 있는데, 3개의 바위섬으로 이루어져 있다. 그중 가장 큰 바위섬인 '공암바위'는 하단에 파랑에 의한 침식으로 큰 구멍이 있고, 세 방향으로 해식동이 연결되어 있다(위 오른쪽 사진 속 오른편 바위).

'삼형제굴바위'를 두고서 경북대학교 황상일 교수는 "강한 파랑으로 육지가 침식되다가 암석의 단단한 부분이 차별침식의 결과로 해안 가까이 섬으로 남은 시스템"이라고 하였다. 실제로 44m 높이를 가진 커다란 '공암바위'에 대해서는 "세 방향으로 해식동이 연결되어 시아치를 형성"한 것으로 해석하였다.

동도 선착장을 기준으로 동도 가까이 북동쪽에는 '닭바위'가 있다. 선착장 안에 '숫돌바위'(아래 왼쪽 사진)와 그 남쪽 방향에 '부채바위'

(62쪽 아래 오른쪽 사진)가 각각 서 있다. '숫돌바위'와 '부채바위'는 동도 선착장에 도착한 방문자라면 누구나 쉽게 볼 수 있다. '숫돌바위'는 독도 의용수비대원들이 독도에서 생활할 당시 칼을 갈았던 곳이며, 암질이 실제 칼 가는 숫돌과 비슷하여서 그런 이름이 붙은 것으로 알려져 있다. 황 교수 의견에 따르자면, 해발고도 12m가 넘는 높이를 가진 '숫돌바위'는 조면암질 암맥이 관입하여 형성된 것이라고 한다.

서도 부근 이야기

서도는 독도에서 울릉도 방향 서편에 위치한 가장 큰 섬이다. 그 수리적 위치는 동경 131° 51′ 54″, 북위 37° 14′ 30″이고, 가장 높은 곳의 해발고도는 168.5m이다. 이 섬은 전체적으로 경사가 매우 급한 원뿔 형태이다. 그래서 정상부에 가려면 가파른 절벽에 설치된 수많은 계단을 올라가야 한다. 그나마 계단이 있어서 다행이지만, 경사가 거의 수직에 가까워 위험을 무릅써야 정상부로 갈 수 있다.

먼저, 동도에서 작은 배를 타고 서도의 선착장에 도착하면 거기에 '어업인숙소'가 있다. 그곳은 동편 해안에 위치한 서도에서 유일한 숙박지인 셈이다. 여기 올린 사진(64쪽 위 왼쪽 사진)은 2008년 4월 말에 찍은 '어업인숙소' 모습이다. 건물 앞 태극기가 바람에 힘차게 나부끼고 1층 중간쯤 건물 벽에는 문패와 우편함이 설치되어 있다. 3층으로 된 이 건물은 2층과 3층에 사람이 쉴 수 있는 방이 나눠져 있는데, 폭이 좁아서 공간이 여유가 없는 편이다.

그래서 '어업인숙소'는 2010년에 재건축 수준의 보수공사를 시작하였고, 2011년 5월에 드디어 완공되었다. 2011년 8월 말에 찍은 사진

(아래 오른쪽 사진) 속에, 보트를 타고 건너오는 김성도 독도 이장님의 모습 뒤로 완공된 '어업인숙소'가 왼쪽 멀리 보인다. 아래 왼쪽 사진은 '어업인숙소'를 확대한 것이다.

또한, 서도 선착장 반대편 섬 북쪽해안에는 해식동 내에 담수 지하수가 고이는 '물골'이 있다. '물골'은 담수성의 물이 고이는 작은 웅덩이여서, 그 입구에 담을 쌓아 출입을 제한하고 있다. 물론 원래의 수원은 담수성 물이라고 하지만, 실제로는 바람에 날린 파도 비말 때문에 염분이 증가해 있다. '물골' 부근은 동굴 형태로 대부분 면이 닫혀 있고 입구 쪽 천장에 가까운 상단 부분으로만 방문자가 겨우 들어갈 수 있어서 늘 어둡다. 그래서 전등을 소지하고 들어가야 하고, 고인 물 때문에 공간 전체가 습한 편이다.

플래시를 터뜨려야만 내부 촬영이 가능할 정도이다. 여기 올린 사진은 2007년 10월 초에 찍은 것이다. 왼편 사진은 바깥에서 해식동 상부를 찍은 것이고, 오른편 것은 물골 웅덩이 모습이다. 내부 공간은 습도가 높은 편이어서 그런 환경을 좋아하는 식물 종류가 벽면 여기저기에 붙어 자라고 있었다. 바닥 중앙부에 위치한 사각형 모양의 웅덩이 속에는 제법 큰 새로 추정되는 동물의 뼈대 여러 개가 흩어져 있었다.

서도의 해안선은 약 2.6km에 달하며, 대체로 급경사를 가진 해식애로 둘러싸여 있다. 서도의 특징적 경관으로는 '어업인숙소', 남서쪽 해안단구와 남서쪽의 '코끼리바위', 남서해안의 '넙덕바위', '군함바

위', '상장군바위' 등과 북동쪽의 '탕건봉' 등이 있다. 또한, 서도 본섬에서 떨어져 가까운 바다 속에 위치한, 북서쪽 해안의 '지네바위', 북쪽의 '큰가제바위', '작은가제바위' 등도 울릉도 어민들이 사랑하는 경관이다.

서도 풍경

서도 풍경도 여러 각도에서 사진 이미지로 잡을 수 있다. 구체적으로 동도 정상부나 해안에서 혹은 섬과 떨어진 바다에서 서도를 찍을 수 있다. 여기에 먼저 2007년 9월에 찍었던 사진을 올린다(67쪽 위 사진). 둘 다 낮에 찍은 서도 풍경인데, 시간대가 다르다. 바로 동도 여기저기 다양한 높이에서 바라보는 '서도' 경치라 할 수 있겠다.

사진촬영 당시에는 필자가 서도에 가보지 못했지만, 그곳은 해발고도가 동도 높이의 2배쯤 되며, 동도에 비해 사람의 출입이 적어서 자연이 잘 보존되고 있는 곳이라 들었다. 나중에 2008년 6월경 서도 정상에 올라 보니, 실제로 서도는 자연보존이 잘 되고 있었다. 생물모니터링 결과를 봐도 서도 생물상이 동도에 비하여 훨씬 다양하다.

다음으로 67쪽 아래 사진은 2007년 10월에 배를 타고 가며 바다 쪽에서 서도의 경치를 찍은 것이다. 왼편 사진은 서도의 동면, 오른편은 서도의 서면 모습을 각각 담고 있다. 일부는 서도 주변 풍경도 담고 있다. 얼핏 같은 섬이 아닌 것처럼 보일 정도로 서도는 보는 방향과 위치에 따라 매우 다양한 얼굴을 나타낸다.

독도의 석양

독도에서도 태양은 이른 아침에 뜨고 오후 늦게 진다. 일출은 위치상 아무래도 동도 전망대에서 맞이하는 것이 상쾌할 듯하다. 반대로, 일몰은 역시 서도의 해변이나 바다 상에서 보는 것이 제격일 것이다. 해가 지고 뜨기는 매일 반복되는 일이지만, 막상 독도에서 그 장면을 지켜보노라면 참으로 장관이다.

일반적으로 독도는 머물거나 탐사하기에는 불편하고 버거운 곳이지만 화산암으로 이루어진 바위섬이 오랜 세월 파도와 바람을 견디며 해식작용으로 만들어 낸 풍경과, 다른 곳에서 맛볼 수 없는 자연 풍광은 독도가 매우 절묘한 곳임을 느끼게 해 준다. "정결하고 아름다운 섬, 독도!"

2007년 10월 6일, 두 번째로 독도를 방문했을 때, 운이 좋게도 필자는 동도와 서도에서 약간의 시간 차이를 두고 석양을 맞이할 수 있었다.

여기에 올린 사진(69쪽 위 사진)은 서도 해변에서 바다 속으로 해가 지기 직전 장면을 건진 것이다. 구체적으로 이 사진은 서도 서쪽 해변에서 울릉도 방향으로 막 지고 있던 해를 잡아 본 것이다. 이른바 '바다 속으로 빠지는 해'의 풍경인 셈이다. 바로 '독도의 석양'이다. 노년에 추한 모습이 아니고, 오히려 주위를 아름답게 하는 힘을 발휘할 수 있기는 쉽지 않을 터인데. 사라지기 전 해의 붉고 요염한 색깔이 주변을 황홀하게 물들이던 광경이라니!

같은 날 위의 사진을 서도 서편 바닷가에서 촬영하고 난 후, 필자 일행은 배를 타고 서도를 둘러 동도로 와서 다시 사진을 찍었다. 69쪽 다

래 사진은 해가 지고 난 후 한참 지나서 어스름한 동도 주변을 찍어 본 것이다. 동도에서 자라는 풀들의 아름다운 실루엣이며, 역동적인 구름의 흐름이 잘 잡혀 있다.

Tip

독도 날씨는 누가 측정하나요?

독도는 우리나라에서 가장 동쪽에 위치한 작은 섬이지만, 일기예보 대상에서 거의 빠지지 않습니다. 누군가 필자에게 "독도 날씨는 누가 측정하는지요?"라고 물어 왔습니다. "예, 기상청에서 일기예보 측정관이 하겠지요."

"그러면 뭘 재는가요?" "글쎄요, 자세히는 모릅니다."

그래서 기상학자인 경북대학교 이규원 교수에게 물어보았습니다. 독도의 온도, 습도, 강수량, 풍향, 풍속 등은 독도 현지에 설치된 자동측정장치를 통하여 실시간 측정되고 그 결과는 울릉도 기상대로 즉각 전송된다고 합니다. 2011년 여름에 필자가 찍은 사진을 아래에 올립니다. 독도의 동도 정상부에 위치한 바람자루가 달린 풍향계 모습입니다.

독도의 주민과 주인

독도의 주민

독도는 국제적으로 무인도로 알려져 있지만, 실제로는 한 가족이 살고 있다. 그 가족은 '독도호'라는 자그마한 배도 한 척 소유하고 있는데, 그 배로 어업을 하여 생계를 유지하는 것으로 알려져 있다. 물론 상주하는 주민 외에 다수 인원이 독도에 제한적으로 머물고 있기도 하다.

72쪽에 올린 사진(2008년 봄 촬영)에서 배에 타고 있는 분이 바로 그 유명한 독도 주민 김성도 씨이다. '독도 이장님'으로 불리기도 하는 김 씨와 그의 부인 김신열 씨(72쪽 왼편 사진 속에서 오른쪽 부둣가에 서 계신 분)는 원래 울릉도 주민인데, 독도에 와서 울릉군청 소유의 '어업인 숙소'에서 거주하고 있다. 독도에 오는 모든 연구 팀이나 동도에 상주하는 것으로 보이는 해양전투경찰이나 삽살개조차도 적절한 기간 머문 후 독도를 떠나거나 딴 곳으로 옮겨 가지만, 김성도 씨 가족은 대체로 독도를 떠나지 않는다. 그들은 독도 주민이기 때문이다. 그렇지만 이제 두 분 다 제법 연세가 드셔서 가끔 건강 때문에 추운 겨울에는 독도를 떠나 있기도 한다.

아래에 올린 왼편 사진은 서도 중간에 위치한 울릉군에서 지어 놓은 '어업인 숙소'의 2008년 4월 당시 모습이다. 건물은 3층이지만 폭이 좁게 지어져 실제로 들어가 보면 그다지 공간에 여유가 없었다. 그랬던 것이 2011년에 증 · 개축되면서 사정이 나아졌다. 태극기와 울릉군기가 함께 펄럭이고 있는 '어업인 숙소' 앞에 서도 선착장이 자리하고 있다. 오른편 사진은 북동쪽으로 멀리 촛대바위가 보이고, 왼쪽 해변

을 따라 몽돌해안이 발달해 있음을 잘 보여 준다.

서도 '어업인 숙소'에서 오른쪽으로는 제법 넓은 파식대가 발달해 있다. 썰물 때 파식대 여기저기에서 미처 빠져 나가지 못한 군부나 해삼을 발견하는 것은 그다지 어렵지 않다. 그래서 새들은 먹이를 구하러 이곳에 모여 든다.

독도에 어떤 사람이 사는가?

독도 문제로 한일 간에 첨예한 대립이 있었을 때, 한국 측 영유권 수호 해결책 중에 '독도 유인도화 정책'이 자주 거론되었다. 국제적으로 독도가 무인도로 알려져 있고, 그래서 일본 측이 독도에 대하여 권리를 주장한다고 여겼기 때문이다. 그런데 앞서 언급한 대로 독도에 조금이라도 관심이 있는 한국인이면 누구나 그곳에 한 가족이 살고 있으며, 주민이 없는 '독도 이장님'이 있다는 사실 정도는 알 것이다.

그래서 필자가 독도를 다녀왔다고 하면, "거기 독도에 사람이 삽니까?"라고 묻는 사람이 많다. 당연한 대답은 "사람이 삽니다!"이다. 그러면 "몇 명이 삽니까?" 하고 다시 묻는다. "50명 이상이 삽니다!"라고 대답하면 대부분 상당히 놀란다. 동시에 "그 작은 섬에 그렇게 많은 사람이 이미 살고 있다니…" 하고 의아한 표정을 짓는다.

2008년 당시 독도에는 정확히 53명(동도에 49명, 서도에 4명)이 살고 있었다. 구체적으로 서도에 사는 사람은 바로 '독도 이장님' 가족 2명과 울릉군청 독도관리소 파견 공무원 2명으로 모두 4명이었다. 그들은 '어업인숙소'에 살았고, 그곳의 정확한 우편 주소는 '(799-805) 대한민국 경상북도 울릉군 울릉읍 독도리 20-2번지'이다. 아래에 올린 왼편 사진은 지난 2008년 4월 동도 선착장에서 독도 경비대 간부들과

독도관리소 직원들을 찍은 것이다. 선착장 가장자리에 서 있는 4명 중 양복 상의를 입은 2명이 독도관리소 직원이다. 오른편 사진은 삽살개를 돌보는 해양경비대원들의 모습을 담고 있다.

나머지 49명은 동도에 살고 있다. 그중 46명은 '독도경비대' 소속 해양전투경찰이고, 동도의 경비대 숙소에 거주한다. 나머지 3명은 '독도 등대지기'로서 동도 정상 부근의 등대 내에 거주하는 것으로 알려져 있다.

독도는 무인도로 분류되어 있지만, 실제로는 53명이 상주하고 있는 유인도라는 사실을 알고 있는 이는 많지 않다. 거기에다가 독도에 항정적으로 호적을 등록한 이들이나 독도를 늘 마음에 그리거나 사랑하는 이들까지 포함한다면 그 숫자는 엄청날 것이다. 그들 모두가 한국인인데, 누가 감히 독도를 넘본단 말인가!

독도의 진짜 주인은 누구일까?

독도는 어느 나라에 속해 있는가? 물어볼 필요도 없이 대한민국에 속해 있다. 그럼에도 불구하고 그것은 한국과 일본 사이에서 여러 해 동안 논쟁거리가 되어 왔다. 그러한 불화는 대체로 일부 일본인들의 불합리한 망언이나 도발적 행위 때문이다. 실제로 2008년 7월 중순에는 일본 측이 중등교과서 해설서에 독도 영유권을 명기한다고 발표하여 한국 측이 공분하도록 자극한 적이 있다. 경제력을 포함한 국력이 더 강한 일본이 혹시 독도를 강탈해 가는 것은 아닐까 하여 한국인들의 마음이 놓이지 않는 것은 사실이다. 물론 일본이 중등교과서에 독도를 자기 나라 영토로 표기한다고 하여 독도가 일본 땅이 될 수는 없다.

독도는 어느 면으로 보나 '대한민국의 영토'임이 분명하지만, 일본의 침략적 도발에 대하여 철저히 대비할 필요가 있다. 일반적으로 국가 간 영토 분쟁은 한쪽의 일방적 주장이나 터무니없는 행위로 결정되고 해결될 수 없다. 우리는 독도를 대한민국의 영토로 수호하면서, 필요 시 국제사회에 '독도가 우리 땅'이라는 여러 가지 증거를 제시할 수 있어야 한다.

섬 생태학적 측면에서 독도의 진정한 주인은 누구일까? 사람들이 드나들기 훨씬 이전부터 이미 오랜 세월 동안 독도에서 살아온 생물들이 있다. 거기에 살고 있는 다양한 종류의 식물과 동물, 미생물 등이 '독도의 참 주인'이라 할 수 있다. 구체적으로 독도의 절벽에 붙어사는 '땅채송화'와 '사철나무', 파도에 일렁이는 '갈색꽃해변말미잘'과 '바위게', 바닷물에 사는 '독도넨시스'와 같은 세균 등이다. 독도에서 해마다 알을 낳아 번식하는 '괭이갈매기'와 '바다제비'도 공동주인의 대열에서 빼놓을 수 없을 것이다.

잘 알려져 있듯이 독도에는 매우 많은 수와 다양한 종류의 생물이 살고 있다. 아직 이름을 제대로 붙이지 못한 것도 적지 않다. 특히 미생물이 그러하다. 2005년 한국생명공학연구원의 윤정훈 · 오태광 박사팀이 독도에서 '버지바실루스 독도넨시스'라는 신종 세균을 찾아 세계 최초로 발표한 이래, 6년 동안 무려 6개 신속을 포함한 43종의 독도산 미생물이 국제 학계에 신종으로 보고되었다.

독도에 대하여 계속해서 크게 관심을 가지고 사랑하는 쪽이 결국 독도의 제대로 된 주인일 수 있다. 독도에 사는 다양한 종류의 생명체를 소중하게 여기고 지켜 가는 쪽이 결국 독도의 진짜 주인 아니겠는가. 그러므로 우리는 독도를 대한민국 땅으로 지키기 위해서 끊임없이 관심을 쏟고 사랑해야 한다. 나아가 우리는 독도의 자연과 생명체 하나하나를 소중하게 여겨 그들을 잘 가꾸고 보존해야 할 것이다. 결국 인간과 독도 자연 간에 지속적인 생태학적 상호관계 맺기(에코 네트워크)가 필요하다. 그것이 바로 땅과 생명 간 네트워크로 이어질 수 있기 때문이다.

Tip

독도의 최초, 최후 생명체는?

독도는 화산암의 연령측정에 의하여 약 200만 년 전에 화산활동이 멈춘 것으로 알려져 있습니다. 독도 가까이의 울릉도는 약 9,000년 전까지 화산활동이 있었다고 하니, 독도가 더 오랜 세월을 견뎌 온 셈입니다. 그렇다면 독도 최초의 생명체는 무엇이었을까요?

어떤 이는 화산섬 독도의 최초 생물이 '물과 태양의 빛으로 자기 스스로 살아갈 수 있는 녹색식물'일 것이라고 주장합니다. 그런데 과학적 해석은 그렇지 않습니다. 21세기 과학계가 가진 여러 가지 생명과학적 상식을 동원하면 그것은 '미생물'이었을 것으로 짐작됩니다. 현재 독도의 육상에는 여러 가지 열악한 환경을 이긴 미생물이 생존해 있는 것으로 알려져 있습니다. 반면에 독도 부근의 해양은 따뜻하거나 찬 해수대가 서로 만나는 지역이어서 광합성 세균을 포함한 비교적 다양하고 희귀한 미생물이 많이 살고 있는 것으로 여겨지고 있습니다.

독도에 서식하는 미생물의 종류는 아마도 무척 다양하여 모두 밝히려면 적지 않은 노고가 들 것입니다. 미생물 개체 수도 독도 서식 생명체마다 자신의 무게 중 10% 이상이 미생물일 것을 고려하면 측정하기 곤란할 정도로 엄청날 것입니다.

독도 초기의 미생물은 아무래도 세균일 것 같습니다. 세균 중에서도 태양에너지로 광합성을 할 수 있으며 정적 진화를 해 온 것으로 알려진 시안세균(cyanobacteria)일 가능성이 높습니다. 안타깝게도 아직 증거로 보고되거나 확인되지는 않았지만요.

80쪽에 실은 사진은 바로 미생물의 화석이라 할 수 있는 스트로마톨라이트(stromatolite)의 모습입니다. 그것은 시안세균을 비롯한 생물의 광합성 활동으

로 생겨난 줄무늬가 있는 암석을 이릅니다. 사진 속의 암석 시료는 약 1억 년 전 중생대 백악기에 형성된 화석으로, 경북 하양에서 출토된 것을 경북대학교 산격동 교정 제2과학관 앞 화단으로 옮겨 전시해 놓은 것입니다.

만약 독도 환경이 일반 생명체가 살 수 없을 정도가 되더라도, 독도를 최후까지 지킬 생명체는 미생물일 가능성이 높습니다. 아무리 열악한 환경이 닥쳐도 미생물은 생존율이 높고 환경에 대한 적응력이 뛰어나기 때문입니다. 특히 여러 종류의 극한적 스트레스에 잘 적응하는 극한미생물이 마지막까지 독도를 지킬 것으로 보입니다. 그런 점에서 독도 최초나 최후의 생명체는 공히 미생물일 것입니다.

Tip

독도의 새 '도로명주소'는?

독도에서도 스마트폰이나 휴대전화기를 쓸 수 있고 컴퓨터 인터넷 접속도 가능합니다. 그렇다면 우편배달도 될까요? 그것은 주소가 있어야 가능한 일인데, 특별하게 섬 전체가 천연기념물 336호로 지정된 독도에 무슨 주소가 있겠는지요.

그렇지만 독도에는 엄연한 주소가 있고 우편배달도 가능합니다. 우리나라는 최근에 행정적인 법정주소를 오랫동안 사용해 오던 '지번주소'에서 '도로명주소'로 바꿨습니다. 그것은 2011년 7월 29일에 확정되어 2012년 1월 1일부터 전국적으로 적용되고 있습니다. 그래서 독도에도 '도로명주소'가 들어왔습니다.

앞부분이 '경상북도 울릉군 울릉읍 독도리'로 표시되어 오던 '지번주소'가 바뀐 것입니다. 구체적으로 동도에서는 '독도이사부길'(아래 사진 참고)로, 서도에서는 '독도안용복길'로 '도로명주소'가 바뀌었습니다. 독도에 도입된 새로운 '도로명주소'에는 울릉도나 독도와 연관된 역사적인 인물의 이름이 포함된 것이지요.

독도의 식물

독도의 식물은 울릉도의 식물상과 대체로 겹친다. 경북대학교 박재홍 교수 연구팀이 독도의 식물상을 15회에 걸쳐 조사하여 2009년 6월에 발표한 결과를 보면,[3] 독도에는 61분류군의 식물이 서식하는 것으로 알려졌다. 구체적으로 30과 55속 56종 1아종 4변종으로 분석되었다.

독도의 식물상을 좀 더 들여다보면, 독도의 2개 큰 섬이라 할 수 있는 동도와 서도에 모두 존재하는 식물종은 36분류군이다. 초종용, 참억새, 개머루, 둥근잎나팔꽃 등 14분류군은 동도에서만, 왕호장근, 맥문동, 큰두루미꽃 등 9분류군은 서도에서만 서식한다.

박재홍 교수 연구팀의 2010년 보고에 의하면,[4] 독도의 식물구계학적 특정식물종[5]은 총 13분류군으로 알려졌다. 특히, V등급인 '초종용'이 동도에 위치한 해양경비대 건물 좌측 사면에 100~150개체 군락이 서식하는 것으로 확인되어 주의를 요하고 있다. 그 외에도, 이미 큰 군

3 박재홍,『독도천연보호구역 해제 및 독도 체험장 조성 타당성조사와 기본구상 연구용역 최종보고회』(경북대학교 울릉도 · 독도연구소, 2009).

4 경북대학교 울릉도 · 독도연구소, 『2009 독도천연보호구역 모니터링 사업』(문화재청, 경상북도, 2010).

5 '식물구계학적 특정식물'은 '각 지역에 따른 자연환경의 우수성 정도를 파악하고 종 보존 우선순위를 결정하는 데 이용될 수 있는 분류군'을 이른다. 환경부에서 식물분포 상 희귀한 순으로 I~V등급으로 나눈다.

락으로 자리잡은 왕호장근, 왕김의털, 해국 등을 제외한 섬초롱꽃, 큰두루미꽃, 번행초, 갯장대, 갯까치수염, 까마중 등과 같은 초본식물과 섬괴불나무, 사철나무, 보리밥나무, 동백나무 등의 목본식물에 대해서는 적절한 보호, 관리대책이 필요하다고 지적되었다.

독도의 특산식물 존재 여부에 대해서는 '없다'고 보는 입장이 우세하다. 소수가 '왕해국'의 존재를 인정하고 특산식물로 주장하기도 한다. 울릉도에는 총 200분류군이 자생하며, 그중 특산식물이 35분류군이나 되는 점과 비교될 수 있다.[6] 실제 식물상 모니터링 조사를 통하여 독도의 식물 분포상이 대체로 울릉도의 식물상과 겹쳐 있음이 잘 확인된 셈이다.

독도의 풀

| 땅채송화 |

독도는 기본적으로 화산암으로 이뤄진 섬이다. 그래서 흙이 차지하는 표토가 매우 얇아서 왕성한 식생이 쉽질 않다. 그래도 섬의 절벽지와 바위에 최초로 고착하여 생육하는 개척수종은 있게 마련이다. 독도의 개척수종으로 땅채송화가 후보 중 하나로 자주 꼽힌다.

경북대학교 추연식 교수의 의견에 따르자면, 독도의 개척수종은 '땅채송화, 해국, 왕김의털' 등이라고 한다. 그는 먼저 이들 종들이 주변환경을 안정되게 변화시키면, 향후 다른 식물 종들이 침입하여 결국

6 경북대학교 울릉도 · 독도연구소, 『울릉도 소재 천연기념물 생육실태 조사연구』(문화재청, 경상북도, 2009).

피압되는 천이단계를 거친다고 설명하였다.

땅채송화(*Sedum orizifolium* Makino)는 돌나물과의 다년초로서, 주로 해안의 바위 위에 생육하는 것으로 알려져 있다. 5~7월경에 꽃이 피며 노란 빛깔로 측생한다.

여기 사진으로 올린 것이 바로 '땅채송화'이다. 동도의 서쪽 바위에 붙어 있는 것을 2008년 6월에 필자가 직접 찍었다. 검은색을 띠는 화산암 절벽에 밀착하여 기면서 녹색으로 자라는 '땅채송화' 모습을 보면 강인한 생명력을 느낄 수 있다.

| 갯제비쑥 |

독도산 '갯제비쑥(*Artemisia japonica* subsp. littoricola Kitam)'은 울릉도산 그것에 비하여 잎이 다소 가늘고 길며 두께가 있는 편이다. 일반적으로 '갯제비쑥'은 국화과에 속하는 여러해살이풀로, 주로 바닷가 건조한 곳에서 자라며 노란색 꽃이 핀다.

독도에서 '갯제비쑥'은 1978년 이창복이 관찰하였다는 보고 이후 2009년 박재홍 교수의 보고에 이르기까지 지속적으로 관찰된 것으로 미루어 보아 독도 환경에 확실히 정착한 종으로 여겨진다. '갯제비쑥'은 동도와 서도에서 두루 관찰되는 식물종의 하나이다.

여기 사진으로 올린 것은 2008년 6월에 동도의 서쪽 사면에서 찍은 '갯제비쑥'의 모습이다. 마치 독도라는 땅이 바닷바람에 머리칼을 휘날리는 것처럼 '갯제비쑥'의 치렁치렁한 잎이 하늘을 향해 뻗어 있다. 그 아래에는 독도의 개척수종으로 알려진 '땅채송화'가 무수히 많이 깔려 있다.

| 해국 |

해국(*Aster spathulifolius* Maxim.)은 국화과 초본식물로서, 적지 않은 개체수가 독도 육상에 두루 분포해 있는 편이다. 매년 4월에는 해국의 어린 싹을 관찰할 수 있고, 10월에는 꽃이 핀 것을 볼 수 있다. 독도

의 해국은 엽질이 두껍고 튼튼하게 자라는 편이어서 미개화 시에는 얼핏 다육식물로 비친다. 그렇지만, 여름 끝 무렵에 피기 시작하는 꽃의 연한 보랏빛과 모양은 해국이 분명히 국화과 식물임을 실감하도록 해준다.

독도에서 해국은 1952년 이영노에 의해 보고된 이래, 박재홍 교수에 의해서도 2006~2009년 동안에 매년 꾸준히 관찰되었다. 해국은 왕호장근, 왕김의털 등과 함께 독도에서 대군락으로 자리 잡은 분류군으로 알려져 있어서, 독도에서 비교적 쉽게 관찰되는 식물인 셈이다.

여기 올린 사진은 2010년 가을(10월 23일) 동도에서 정상부로 가는 오름길 도중에 만난 해국을 필자가 찍은 것이다. 왼쪽은 조금 떨어져서 오른쪽은 근접해서 찍은 해국의 모습이다. 해국은 대체로 큰 군락을 이루어 눈에 쉽게 띄고, 여러 개체가 함께 꽃을 피워 장관을 이룬다.

| 갯까치수염 |

독도 환경에 아름다운 별꽃을 선사하는 '갯까치수염(*Lysimachia mauritiana* Lam.)'은 '앵초과'에 속하는 것으로 알려진 이년초이다. 일반적으로 '갯까치수염'의 꽃은 5~7월 줄기의 선단에 총상화서로 핀다.

아래에 올린 사진은 2008년 6월 초순 동도 통로에서 필자가 직접 찍은 것이다. 하얀 꽃이 밤하늘의 별처럼 만발했던 '갯까치수염'! 때마침 꽃이 활짝 피어 평소 다소 칙칙한 분위기의 동도 사면을 밝게 만들고 있었다. 바람에 흔들리며 그 흰 꽃의 무리가 마치 유성이 되어 일렁이던 모습이라니!

경북대학교 박재홍 교수 연구팀의 조사에 따르면, '갯까치수염'은 1950년대 독도식물조사 초창기부터 현재까지 지속적으로 보고되는, 일종의 독도 자생종으로 판단할 수 있는 종이라고 한다. 그런데 '갯까치수염'은 독도 전역에 고루 분포하고 있지 않아서 종간경쟁에서 다소 취약한 것으로 보인다. 독도에서는 '갯까치수염'이 대체로 갯장대, 번행초, 땅채송화, 왕김의털 등의 식물군락과 함께 자라는 것으로 분석되었다.

| 번행초 |

'번행초'[*Tetragonia tetragonides* (Pall.) O. Kuntze]는 '석류풀과'에 속하며, 해안 모래땅에 사는 다육질의 다년초로 알려져 있다. 그러서 '번행초'는 잎이 두꺼운 편인데, 독도에서는 훨씬 더 두꺼워서 후덕해 보인다. '번행초'는 식물체 전체에 작은 돌기가 나 있고, 6~9월에 노란색 꽃이 작게 핀다.

아래에 올린 독도 동도의 '번행초'는 2008년 6월 초순에 촬영한 것이다. 얼마 지나면 막 꽃이 피려고 줄기에 꽃망울이 연녹색으로 달려 있는 모습이 귀엽다. 꽃이 피면 '번행초'는 작은 노란색 꽃이 화판 없이 앙증맞게 매달린다.

박재홍 교수의 해석에 따르자면, '번행초'는 종자의 원거리산포 유형을 고려할 때 해류에 의해 독도로 유입되었을 가능성이 높다. 그것은 '번행초'가 두꺼운 과피와 열매 내부에 다수 종자를 가지고 있을 뿐만 아니라, 종자가 염분을 견디는 능력이 강하고 부력이 있기 때문이

라고 하였다. 그래서 실제로 '번행초'는 독도 해변에서 비교적 완만한 경사면을 따라 정상 방향으로 확대되어 가는 추세에 있음을 어렵지 않게 확인할 수 있다.

| 왕호장근 |

독도는 연중 바람이 강하고, 염분 성분이 높을 뿐 아니라 대부분 지역이 암석으로 되어 있어서 식물의 성장을 위해서 그다지 좋은 환경은 아니다. 독도의 연평균 기온은 13.6℃, 연평균 강우량은 1,236mm 정도이다.

경북대학교 추연식 교수 연구팀의 식생 연구에 의하면, 독도는 전체적으로 새로운 식물의 정착이 어려워 식물상이 빈약한 편이며, 식피율도 낮아 천이의 초기 단계에 머물러 있는 식생유형을 보인다. 그래서 추 교수 연구팀은 독도에서 땅채송화, 해국, 왕김의털은 절벽지와 바위에 최초로 고착하여 생육하는 개척수종으로 볼 수 있다고 해석하였다. 추연식 교수는 독도에서 그러한 종들이 환경을 안정되게 변화시키면, 향후 다른 식물 종들이 침입하여 결국 피압되는 천이단계를 거치고, 전반적으로 토양이 안정된 곳에서는 개밀, 돌피 등의 볏과식물이 우점하는 것으로 조사 분석하였다.

독도에서 '왕호장근군락'은 서도 초본식물 식생에서 특징적으로 나타난다. 이 '왕호장근군락'은 물골지역에 널리 분포하며, 추연식 교수 연구팀의 조사에 의하면, 수반종에 따라 크게 왕호장근-도깨비쇠고비군락과 왕호장근-율무쑥군락으로 하위군락이 구분된다. 여기 올린 띠를 형성한 왕호장근군락 사진(90쪽)은 서도 정상 가까이에서 북사면 방향으로 내려 찍은 것이다.

일반적으로 독도의 식생에서 서도는 계절의 변화에 따라 '돌피군

락', '개밀군락'이 우점하고, 물골지역 북사면에서는 여름철에 참나리와 갯제비쑥이 유사한 빈도로 출현하는 것으로 알려졌다.

참고로, 왕호장근[*Fallopia sachalinensis* (F. Schmidt) RonseDecr.]은 마디풀과에 속하는 다년생 초본으로서 울릉도 지역에 두루 분포하는 것으로 알려져 있다.

| 돌피 |

독도 전역에서 봄, 여름 동안 가장 넓은 지역을 차지하는 유관속 초본식물은 아마도 볏과에 속한 '돌피[*Echinochloa crusgalli* (L.) P.Beauv.]'일 것이다. 최근 박재홍 교수는 돌피가 생태형에 따라 '물피[*Echinochloa crusgalli* var. oryzicola (Vasinger) Ohwi]'로도 동정될 수 있는 여지가 있어서 추가적인 실험적 분석이 필요하다고 지적하였다. 돌피의 포영에 달린 까락의 길이에 대한 변이에 있어서는 종의 기재가 모호하다는 것이 그 이유다.

아래에 올린 사진은 동도의 동북사면 위쪽에서 바다 방향으로 내려찍은 원숙히 자란 '돌피' 모습이다.

| 개밀 |

2007년 독도에서 자라고 있는 것으로 보고된 유관속 식물은 49분류군으로 알려져 있다. 그중 볏과식물이 16%로 가장 높은 비율을 점유하고 있다. 박재홍 교수에 따르면, 개밀, 큰이삭풀, 바랭이, 돌피, 왕김의털, 참억새, 금강아지풀 등 7분류군이 볏과에 속하며 독도에서 자라는 초본류라고 한다.

아래 사진은 지난 2008년 6월 동도에서 찍은 '개밀[*Agropyron tsukushiense* var. transiens (Hack.) Ohwi]'의 모습이다. 독도에서 '개밀'은 동도, 서도를 가리지 않고 쉽게 볼 수 있으며 대체로 군락을 형성하고 있다. '개밀'은 독도에서는 주로 봄부터 초여름까지 번성하며, 여름에 들어서면 서서히 마르면서 돌피군락으로 대체되는 경향이 쉽게 관찰된다.

'개밀'은 볏과에 속하며 무리 지어 사는 여러해살이풀이다. '개밀'은 한국 원산으로 전국의 길가나 들에서 쉽게 볼 수 있고, 중국이나 일본

과 같은 동북아시아에서 주로 서식하는 것으로 알려져 있다. 일반적으로 '개밀'은 6~7월에 꽃이 피며, 영과가 익어서 내영과 함께 떨어지고 끝에 털이 있는 특징을 보여 준다.

| 큰이삭풀 |

독도에 생육하는 7종의 볏과식물 중에 '큰이삭풀(*Bromus catharticus* Vahl)'이 있다. '큰이삭풀'은 귀화식물로 다뤄지고 있는 야생 볏과식물이다.

박재홍 교수의 보고서에 따르면, '큰이삭풀'은 특이하게 울릉도에 자생하지 않는 식물로 독도에만 분포한다. '큰이삭풀'은 일반적으로 번식력이 매우 왕성한 것으로 알려져 있다. 독도에서도 '큰이삭풀'은 원래 동도 정상의 경비대 건물 주위에 소수가 서식하였으나 최근 한두 해 사이에 분포면적이 급격히 늘어난 종 중 하나이다.

아래에 올린 사진은 2008년 6월 동도에서 찍은 '큰이삭풀'이다.

| 초종용 |

'초종용(*Orobanche coerulescens* Stephan)'은 대체로 바닷가 모래땅에 자라는데, 5~6월에 연한 자주색 꽃이 핀다. '초종용'은 쌍떡잎식물로서 열당과에 속하는 여러해살이풀이다. '초종용'의 줄기는 높이가 10~30cm에 불과하고 비늘 같은 잎이 드물게 달려 있지만, 원줄기가 가지 없이 굵어서 눈에 띄는 편이다.

일반적으로 '초종용'의 뿌리줄기는 잔뿌리가 사철쑥이나 개사철쑥 같은 기주식물 뿌리에 붙어사는 것으로 알려져 있다. 실제로 독도에서는 '초종용'이 대체로 갯제비쑥군락과 함께하는 경향이 있어서 아마도 갯제비쑥이 기주식물이 아닐까 여겨진다.

'초종용'은 독도에서 서도에는 없고, 동도에만 분포한다. 이 식물은 동도에서도 특정한 곳에만 고립되어 불연속적으로 분포하는 경향

을 보인다. '초종용'은 환경부 지정 멸종위기 및 보호식물을 포함하는 식물구계학적 특정식물종 V등급으로 분류되어 있다. 특별히, 2009년 박재홍 교수 연구팀에 의한 독도식물모니터링조사에서 '초종용'은 한 해만에 개체수가 급격히 감소한 종으로 조사되어 보호가 시급히 요청된다.

94쪽에 올린 사진은 2008년 6월 동도 경비대 건물 좌측 경사면에서 찍은 것이다. 왼편은 그 해에 꽃이 핀 '초종용'의 모습이고, 오른편은 그 전해 피었다가 진 개체로 보인다.

독도의 나무

동도 선착장에 도착하면, 방문자에게 독도는 화산암 지대 위에 여기저기 풀이 자라거나 우거져 있는 것처럼 보인다. 숲이나 나무가 얼핏 눈에 띄지 않는다. 그렇다면 과연 독도에 나무가 사는가? 답은 "산다!". 독도에는 주로 일 · 이년생 초본들이 우세하게 점유하고 있지만, 유심히 보면 키 작은 나무가 매우 드물게 서식하고 있다.

독도에서 서식하는 나무는 대체로 식재종일 것으로 여겨진다. 박재홍 교수의 조사에 따르자면,[7] 독도의 주요 식재종은 '동백나무', '섬괴불나무', '보리밥나무', '후박나무', '곰솔', '사철나무', '향나무', '무궁화' 등이며, 식재본 수는 1973년부터 1996년까지 총 12,339본에 이른다. 그중 조사 당시까지 생존하고 있던 개체수는 총 30여 개체 미만이라고

7 경북대학교 울릉도 · 독도연구소, 『2007 독도 천연보호구역 모니터링 사업』(문화재청, 경상북도, 2008).

한다.

그렇다면, 독도에 식재하여 살아남은 나무는 몇 종일까? 답은 4종이다. 동도에는 섬괴불나무와 사철나무가, 서도에는 동백나무와 사철나무, 보리밥나무가 각각 확인되었다. 박재홍 교수 연구팀 조사에 의하여 2010년에 보고된 각 목본류의 개체수는 섬괴불나무 58그루, 사철나무 30그루, 보리밥나무 32그루, 동백나무 10그루이다.[8]

여러 종류의 나무와 그렇게 많은 개체수를 독도에 식재하였는데, 결과는 왜 그렇게 빈한한가? 그것은 아마 나무 종류를 선택하고 식재 방법을 생각할 때 독도의 지질과 환경을 고려하지 않았기 때문일 것이라는 해석이 유력하다.

| 보리밥나무 |

'보리밥나무(*Elaeagnus macrophylla* Thunb.)'는 주로 해안 주변에 사는 상록관목이다. 이 나무는 가을에 백황색 꽃이 피고, 이듬해 봄에 붉게 열매가 익는 것으로 알려져 있다.

독도에 사는 수목은 원래 몇 종 되지 않지만 매우 중요하게 다뤄진다. 왜냐하면 독도와 같은 무인도가 유인도로 국제적인 증명을 받으려고 할 때 나무, 물, 사람 등의 존재가 필요하기 때문이다. 97쪽에 올린 사진은 2008년 6월 서도 정상부 가까이에서 '보리밥나무'를 찍은 것이다.

독도에는 보리밥나무 외에도, 섬괴불나무, 사철나무, 동백나무 등이 지속적으로 살고 있는 것으로 알려져 있다. 독도의 목본류 전문가인

8 경북대학교 울릉도 · 독도연구소, 『2009 독도 천연보호구역 모니터링 사업』(문화재청, 경상북도, 2010).

홍성천 박사[9]의 견해에 따르자면, 오랫동안 다양하고 많은 식수작업을 했지만 살아남은 나무 종류가 제한적인 것은 독도 지질이 화산암으로서 흙의 두께가 얇고 고염, 강풍, 저온 등의 스트레스 요인이 많은 독도 환경 때문이라고 하였다. 그래서 향후 독도에 나무를 심으려면, 일단 키가 크게 자라지 않고 뿌리가 두루 자라면서, 그러한 환경과 스트레스를 충분히 이길 수 있는 수종을 골라야 할 것이다.

9 경북대학교 임학과 교수로 재직하다가 2007년 정년퇴임하였는데, 퇴임 이후에도 변함없이 나무 분야 전문학자로서 독도와 울릉도의 목본류 연구에 매진하고 있다. 경북대학교 울릉도 · 독도연구소의 모태가 되었던 울릉도생물다양성연구센터의 센터장을 역임하였다.

| 사철나무 |

독도에 현재 생육하는 수목은 앞서 언급한 대로 4종이다. 이미 사진을 올린 보리밥나무 외에 동백나무, 섬괴불나무, 사철나무 등이 더 있다. 그중 비교적 개체수가 많은 종으로 사철나무가 있다. 일반적으로 사철나무는 황해도 이남지방의 바닷가에서 주로 자라는 상록관목으로 알려져 있다. 사철나무는 정원수나 울타리용 나무로도 자주 쓰인다.

아래에 올린 사진은 멀리서 보는 사철나무(*Euonymus japonica* Thunb.)이다. 대체로 독도의 사철나무는 동도 천장굴 절벽에 붙어서 자란다. 오른쪽에 좀 짙게 보이는 부위에 사철나무군락이 있고, 그 왼쪽 아래 2군데와 그 위쪽 능선에도 길게 형성된 군락이 보인다.

그곳 가까이까지 암벽 등반하여 탐사했던 이들은 이곳 군락에 있는 사철나무가 꽤 연륜이 깊어 보인다고 말했다.

실험실에 재현된 울릉도 특산식물 : '섬말나리'와 '섬노루귀'

우리나라 식물분류전문가의 견해에 따르자면, 독도의 식물상은 대체로 울릉도의 그것과 겹쳐 있다고 합니다. 그것은 울릉도에 없으면서 독도에만 존재하는 식물은 거의 없다는 의미랍니다. 그러니 독도의 식물상을 이해하려면 반드시 울릉도의 식물상을 공부해야 합니다. 그런데 울릉도에는 한반도 뭍에는 없는 다수의 특산식물이 있습니다. 이름하여 '울릉도 특산식물'! 그것에 대하여 더 적나라한 표현을 쓰자면 '지구상에서 오직 울릉도에만 사는 특별한 종의 식물'이라 할 수 있습니다.

필자는 2008년 울릉도에 가서 특산식물 보존에 대한 연구과제에 참여한 적이 있습니다. 그때 식물분류전문가를 따라 다니며 여러 종류의 울릉도 특산식물을 관찰하고 일부 식물의 뿌리에서 미생물 시료를 채취하였습니다. 그러고 나서, 연구에 대한 호기심이 발동하여 미생물 시료를 채취했던 몇 종의 식물과 그 뿌리를 제 연구실로 운반해 왔습니다.

먼저, 운반해 온 식물체를 연구실 화분에 조심스럽게 심었습니다. 아쉽게도, 당시 식물의 상부는 얼마 지나지 않아 시들고 말았습니다. 그렇지만 가을과 겨울을 지나는 동안 흙 속에 묻힌 식물의 뿌리를 적절히 보존한 결과 이듬해 봄에 새싹이 올라왔습니다. 그것은 검은 흙 속에 핀 '녹색 꽃'과 같은 얼굴이었습니다. 도시 교정 실험실에서 꿈틀꿈틀 살아 움직이는 생명체를 통하여 울릉도를 느끼는 맛은 대단했습니다.

99쪽에 올린 사진은 2009년 3월 말에 찍은 '섬말나리'의 새싹입니다. '섬말나리'는 알뿌리가 있어서 잘 보존이 된 모양입니다. 생명력의 끈질김과 특산식물 보존의 가능성을 동시에 맛보는 기쁨이라니!

울릉도 특산식물의 실험실 재현 프로그램에서 2번째 성공은 '섬노루귀'였습니다. '섬노루귀'는 울릉도에서 실험실 화분으로 옮겨와서도 겨울까지 수개월 동안 현장에서의 모습 그대로 생생하게 자랐습니다. 그러다가 겨울의 말미에는 잎의 가장자리가 차츰 녹색에서 낙엽처럼 옅은 고동색으로 바뀌었습니다. 그 영역도 넓어져서 나중에는 잎 전체가 고동색이 되고 말았습니다.

'섬노루귀' 잎 색깔이 변화하는 동안에 줄기 아랫부분에서 무엇인가 새싹 같은 것이 혹처럼 솟아올랐습니다. 그 이미지가 사진(아래 사진, 2009년 3월 말 촬영)과 같이 잡혔습니다. 바로 '섬노루귀'의 새싹이었지요. 옆의 두 기둥과 같은 것은 바뀐 색깔의 잎을 단 원줄기의 하단 모습입니다.

독도의 동물

독도 주변에는 척추동물과 무척추동물을 포함한 다양한 종류의 동물이 산다. 그중에는 짧게 혹은 일정 기간 동안만 머무는 동물이 있고, 연중 서식하는 것이 있다. 실제로, 독도 육상에서는 여러 가지 새 종류를 쉽게 볼 수 있고, 특별한 설치물을 사용하면 미소곤충도 어렵지 않게 만날 수 있다. 해양에서도 상당히 많은 종류와 숫자의 동물을 볼 수 있다. 바닷물 속에는 어류 외에도 다양한 해양무척추동물 종류가 다수 분포해 있다.

독도에 사는 척추동물

대체적으로 동물은 척추동물과 무척추동물로 나눌 수 있는데, 독도의 해양과 육상에는 후자가 여러 종류, 많은 개체수로 존재한다. 해양무척추동물과 곤충이 바로 그것들이다. 그렇다면 독도에 척추동물이 있는가? 답은 있다! 그렇다면, 과연 어떤 척추동물이 독도에 사는가?

독도의 척추동물은 거주 장소에 따라 세 부류로 나눠 생각할 수 있다. 먼저 공중에 사는 새 종류를 들 수 있는데, 독도에 사철 거주하는 텃새가 엄밀히 말해 독도에 사는 새라고 할 수 있다. 독도의 대표적인 텃새로는 참새가 있다. 먼 하늘 길을 오가며 잠시 혹은 일정 기간 머무는 철새도 독도에 일시적으로 사는 철새라 할 수 있겠다.

다른 척추동물 부류로는 독도 인근 바다에 사는 많은 수의 어류를 들 수 있다. 알다시피 대부분의 바닷물고기는 척추동물에 속한다. 아마도 거기에는 상시적으로 독도 해역에 살거나 원근해를 오가는 어류가 혼재해 있으리라 여겨진다.

마지막 부류의 척추동물로는 육상의 삽살개가 있다. 여기서 인간은 육상 척추동물군에서 제외하였다. 경북대학교 하지홍 교수가 이끄는 '한국삽살개보존회'에서 독도경비대에 기증한 것으로 알려진 삽살개는 독도경비대원들이 동도에서 키우고 있다.

일제 때 일본인들은 털이 많은 삽살개의 껍질을 전쟁물자로 사용하기 위하여 한반도의 대다수 삽살개를 멸종시킬 정도로 특정견 도살을 유도하는 정책을 폈다고 한다. 하 교수는 이 같은 일제의 만행을 국제

사회에 알리기 위해 한일 간 영유권 논쟁이 있는 독도에 삽살개를 키울 수 있도록 기증한 것이다. 솔직히 일본인들의 독도 영유권에 대한 불합리한 주장은 특정 개를 멸종 위기까지 몰아넣었던 일본인의 야만성이 21세기에도 고스란히 살아있음을 증명하는 결과라 하겠다.

그 외에도, 독도에는 한때 '강치'라는 동물이 살았다. 강치는 동해연안에 살던 식육목 강치과에 속하는 포유류 동물이다. 19세기에는 독도를 포함한 동해연안에 수만 마리의 강치가 서식하였으나, 1950년대 이후 멸종된 것으로 보인다. 강치가 멸종한 원인으로는 일제강점기에 다케시마어렵회사에서 가죽을 얻기 위해 강치를 남획했고, 그 이후 지속된 수렵 행위 때문인 것으로 추정된다. 매우 안타까운 일이 아닐 수 없다.

| 괭이갈매기 |

독도의 주인은 누구일까? 아마도 생태학적 대답으로는 다양한 생물체들의 공유재산이라고 말하는 것이 올바를 것이다. 어떤 시각에서 보자면 독도의 자연적 주인은 거기 사는 동물, 식물, 미생물 등이다. 학술적인 측면에서 그들 자연의 생물을 진정으로 사랑하는 이가 제대로 된 독도의 주인일 수 있음은 국제적으로 잘 알려져 왔다.

독도에 들르거나 사는 동물 중에 다양한 종류와 다수의 개체수가 관측되는 동물은 새다. 2009년 5월에는 총 22종 12,086개체의 조류에 대한 관찰이 보고되었을 정도이다. 이 중에는 텃새 외에 독도를 구원섬으로 이용하는 다수의 철새가 있고, 후자 중에는 번식지로 이용하는 경우도 있다. 번식지로 이용하는 새에는 괭이갈매기, 바다제비, 슴새, 물쇠오리 등이 있다.

경북대학교 박희천 교수 연구팀이 2009년 9월부터 2010년 10월 23

일에 걸쳐 총 4회 조사한 결과 24종의 조류가 확인되었다.[10] 우점종인 괭이갈매기 외에도, 중요종인 벌매(멸종위기종 2급), 새매(천연기념물 323호), 황조롱이, 흑비둘기(천연기념물 215호), 바다제비 등이 관찰되기도 하였다.

위에 올린 사진은 2008년 6월 8일 필자가 독도에 갔을 때 직접 찍은 괭이갈매기 사진이다. 독도의 봄은 한마디로 '괭이갈매기 세상'이다. 해마다 수천 마리가 와서 번식하고 때로는 1만 개체를 넘을 정도이다. 번식 기간 동안에는 독도 하늘에 괭이갈매기 울음소리가 가득하고 독도 천지에 괭이갈매기 알이 난무한다. 그야말로 '괭이갈매기의 독도'인 셈이다.

| 바다제비 |

매년 무리를 지어 찾아 와서 독도를 번식지로 삼아 수개월 간 머무

10 경북대학교 울릉도 · 독도연구소, 『2009 독도 천연보호구역 모니터링 사업』(문화재청, 경상북도, 2010).

는 철새로 괭이갈매기와 슴새 외에 바다제비를 빼놓을 수 없겠다. 바다제비는 해마다 수백 마리씩 독도에 와서 번식하는 것으로 관측되어 왔는데, 이는 괭이갈매기 다음으로 많은 숫자에 해당한다.

바다제비는 황새목 슴새과의 조류로서, 여름새다. 무리생활을 하며 한 번에 한 개의 알을 낳는다. 바다제비는 온몸이 어두운 갈색을 띠며, 크기가 20cm 내외다. 바다제비의 꽁지는 제비 꽁지 같고, 먹이로 바닷물고기나 연체동물, 갑각류 등을 섭취하는 것으로 알려져 있다.

바다제비는 암수가 함께 41일 동안 알을 품는데, 스스로 땅굴을 파서 번식지를 만들거나 슴새가 쓰던 땅굴둥지를 이용하기도 한다. 바다제비의 번식지는 주로 몇 가지 식물이 운집해 있는 곳의 땅 속에 있다. 독도에서, 바다제비는 주로 7월이나 8월에 암경사면의 풀숲 땅 속 둥지에 알을 낳아 부화시킨다.

독도에서는 수년 전 서식지 주변에 있는 쇠무릎이라는 식물의 줄기에 바다제비 다수 개체가 걸려 죽은 모습이 관찰되어 생태학적 문제로 떠오른 적이 있다. 그에 대한 해결책으로 쇠무릎 제거 사업이 시도되

기도 하였지만, 큰 성과를 거두지 못한 것으로 알려졌다. 독도에서 자라는 모든 쇠무릎을 제거하기는 근본적으로 어렵고, 쇠무릎이 있어서 오히려 다른 새들이 바다제비를 침범하지 못한다는 이중성을 고려하면 그대로 두는 것이 오히려 바람직할 수 있기 때문이다.

| 황로 |

독도에는 계절마다 다른 새가 산다. 그중에는 참새와 같은 텃새도 있지만, 이동통로로서 독도에 일시적으로 들르는 철새가 대부분이다. 깝작도요나 개똥지빠귀와 같은 철새도 있고, 희귀조류인 쇠종다리, 홍여새, 알락꼬리쥐발귀, 꼬마참새 등에 대한 탐조 보고가 이루어진 적도 있다. 물론 철새 중에는 괭이갈매기, 바다제비, 슴새 등과 같이 번식지로 독도를 이용하는 새도 있다.

106쪽에 올린 사진은 '황로(*Bubulcus ibis*)'인데, 동도 꼭대기 헬기장 근처에서 2008년 6월에 찍었다. 황로는 철새이며, 개체수가 그리 많지는 않지만 가끔 발견된다. 우아한 포즈를 취하고 있는 황로의 다리가 붉은 것은 조류 탐사자들이 추후에 식별할 수 있도록 다리에 페인트로 표시하였기 때문이다.

독도가 철새들에게 구원섬으로 소중한 것은 한국, 시베리아, 알래스카, 호주, 일본, 북미, 중국, 동남아시아 등지에 사는 철새들의 이동경로에 위치해 있어서 더욱 그러하다. 황로도 그러한 철새 무리 중의 하나이다. 사진 뒤의 배경은 건너편 서도 동편사면인데, 하얀 점 같은 것이 바로 '괭이갈매기'이다. 매년 6월경 독도는 번식기를 맞은 '괭이갈매기'가 우점한다.

독도에 사는 무척추동물

일반인에게 잘 알려져 있지는 않지만, 독도의 무척추동물은 바닷속에도 있고, 땅 위에도 있다. 뼈가 없는 다수의 크고 작은 동물이 독도 주변 해양에서 흐느적거리며 살고 있을 것이라고 생각하면 다소 징그럽기도 하지만, 한편으로 얼마나 자유롭고 아름다운 춤을 추며 살까 하는 즐거운 상상이 되기도 한다.

실제로, 2007년 8월부터 동도의 4개 지점, 서도의 5개 지점에서 해양무척추동물에 대한 조사가 이루어졌다. 경북대학교 황의욱 교수 연구팀의 보고에 의하면, 거기서 총 7개 동물문[11]에서 55과 96종의 해양

11 해면동물, 자포동물, 편형동물, 환형동물, 연체동물, 극피동물, 절지동물 등을 이른다.

무척추동물이 관찰되었다고 한다.[12] 그 속에 총 23종의 독도미기록종이 포함되었다는 사실이 알려지면서 큰 관심을 끌기도 하였다.

독도 주변 해양에서는 해면동물로 보라해변해면, 자포동물로 갈색꽃해변말미잘, 편형동물로 뿔납작벌레, 환형동물로 바위털갯지렁이, 연체동물로 군부, 극피동물로 보라성게, 절지동물로 마다거미 등의 대표종이 관찰되었다. 특히 황 교수 연구팀은 푸른우산관해파리, 납작배무래기, 개울타리고둥, 가시국화조개, 바위털갯지렁이, 가시애기손바다거미, 민조개삿갓, 흰따개비, 도약옆새우, 볼록별불가사리, 둥근성게 등을 포함하는 총 23종의 독도 미기록종을 발견하여 관련 학계의 주목을 받았다.

독도 주변에서는 따개비, 거북손, 홍합 등을 쉽게 볼 수 있다. 작은 보트를 타고 독도 주변을 돌면 바닷물과 접하는 바위 여기저기에 그러한 무척추동물이 무리를 지어 살고 있는 모습이 눈에 띈다. 위의 사진

12 경북대학교 울릉도 · 독도연구소, 『2007 독도 천연보호구역 모니터링 사업』(문화재청, 경상북도, 2008).

은 왼편이 거북손이고, 오른편이 홍합이다.

| 갯강구 |

독도에서 바닷물과 접한 바위 지대에서 쉽게 만날 수 있는 무척추동물로는 갯강구(*Ligia exotica* Roux)가 있다. 절지동물 등각목 갯강구과의 갑각류인 이 무척추동물은 한반도를 포함한 동북아시아와 북미 지역에 두루 분포하는 것으로 알려져 있다. 갯강구는 바닷가 바위나 축축한 곳에서 무리를 지어 생활한다. 실제로 2011년 8월 말 필자는 동도에 있는 부채바위 주변에서 갯강구 여러 마리를 목격하였다. 비록 관찰한 갯강구 개체수가 많았지만 한꺼번에 너무 빨리 이동하여 사진으로 담기가 어려울 정도였다.

갯강구는 알을 낳으며, 암컷 배에다 알을 품는 것으로 알려져 있다. 성체 몸길이는 3~6cm 정도 되며, 몸 색깔은 누런 갈색 혹은 검은 갈색을 띤다. 몸 전체가 타원형이며 머리 부분에 긴 촉각과 큰 눈이 있다.

| 바위게 |

독도에서 아마도 갯강구 다음으로 자주 만날 수 있는 무척추동물은 '바위게(*Pachygrapsus crassipes* Randall)'일 성싶다. '바위게'는 알려진 대로 물이 깨끗한 해변 암초지대에 주로 서식한다. 갑각 길이와 너비가 각각 약 34mm와 39mm로 크기가 작다. '바위게'의 다리 수는 다른 게 종류와 마찬가지로 10개이며, 집게다리가 좌우 대칭이다. 절지동물 십각목 바위게과의 갑각류인 이 무척추동물은 갑각 윗면의 바탕색이 검은빛을 띤 보라색이다.

'바위게'는 해안 조간대 부근에 주로 서식하는데, 사람이 접근하면 재빠르게 바위틈에 숨거나 바닷물 속으로 잠수한다. 2011년 8월 말 필자가 '바위게'를 만난 것은 동도 선착장과 부채바위 부근 바닷가 바위틈이었다. 독도에서 만난 '바위게'는 몸 색깔이 주변의 화산암과 매우 유사하여 움직이지 않으면 그 존재를 포착하기 힘들 정도였다.

독도에 곤충이 사는가?

그 대답은 "예!"이다. 실제로 독도의 육상에는 다수의 곤충이 살고 있다. 2009년 독도에서 10목 40과 80종의 곤충을 관찰하였다는 사실이 보고되었다. 이는 울릉도에 서식하는 것으로 알려진 841종에 비하면 10%도 안된다.

독도에 서식하는 곤충의 숫자는 비교적 적지만 그 중요성이 적은 것은 아니라는 증거가 최근에 나왔는데, 무척 반가운 일이다. 경북대학교 권오석 교수 연구팀의 조사 결과에 따르자면, 울릉도에는 없고 독도에서만 발견되는 곤충종이 총 8목 14과 19종인 것으로 파악되었다. 이에 대하여 권 교수는 특별히 이들의 생태학적 가치와 보전 가능성에 대해 잘 생각해야 한다고 지적하였다. 구체적으로, 긴발벼룩잎벌레, 벌꼬리박각시, 흰띠명나방 등이 독도에 서식하는 것으로 알려졌다. 독도에 곤충이 살고 있다니, 듣기만 해도 가슴이 설렌다.

| 작은멋쟁이나비 |

아직 학술적으로 보고되지는 않았지만, 권오석 교수 연구팀은 2009년 독도생태계모니터링 보고서에서 '작은멋쟁이나비(*Vanessa cardui* L.)'를 독도 미기록종 곤충으로 보고한 바 있다. 그런데 2011년 8월 27일 필자가 독도에 머물면서, 바로 그 '작은멋쟁이나비'를 2마리나 한꺼번에 동도 해양경비대 숙소 건너편 아래쪽 경사지에서 만나게 되었다. 독도에서 나비를 보는 것 자체가 반갑고 놀라운 일이었다. 노란색 꽃이 만발한 괭이밥군락 위에서 여기저기로 옮겨 다니며 춤을 추던 단아한 호피 무늬 '작은멋쟁이나비'의 모습은 그야말로 환상적이었다.

나비목 네발나비과에 속한 '작은멋쟁이나비'는 그 암컷이 연중 여러 차례 알을 낳고 애벌레가 먹을 식물에 초록색 알을 1개씩 낳는다. 알에서 깬 '작은멋쟁이나비' 애벌레는 실을 뽑아 잎에 고치를 만들어 천적으로부터 자신을 보호하며 잎을 갉아먹고 자란다. 실제로 필자가 만난 '작은멋쟁이나비'도 성체 나비의 날개는 주황색 바탕에 검은색과 흰색 무늬가 고루 발달해 있었다. 곤충도감 자료를 참고하자면, '작은멋쟁이나비'는 '큰멋쟁이나비'에 비하여 밝은색을 띠며, 편 날개 길이가 15mm 정도 작아서 40~50mm에 이른다고 한다.

'작은멋쟁이나비'는 한반도를 포함한 전 세계에 분포하며, 주로 평지나 산지에 서식한다. 이 나비는 무리 지어 장거리를 이동하는 것으로 알려져 있어서, 아마도 다른 뭍이나 섬에서 독도로 옮겨 온 것으로 추정된다. '작은멋쟁이나비'는 대체로 봄부터 가을 사이에 활동하는 것으로 알려져 있어서, 필자가 2011년 8월 말 동도에서 2마리의 '작은멋쟁이나비'를 만난 것은 자연스런 일로 보인다. 권오석 교수의 견해에 따르자면, 2009년에 발견되었던 곤충이 2011년에도 다시 발견된 것은 아마도 '작은멋쟁이나비'가 독도에 정착해서 살고 있다는 증거로 보인다.

| 미소곤충 |

1974년 독도잎벌레가 처음 보고된 이래, 2009년까지 최종적으로 보고된 독도의 곤충상은 11목 65과 123속 124종이다.[13] 2009년부터 2010년까지 이루어진 독도 천연보호구역 모니터링 조사에서, 권오석 교수 연구팀은 총 10목 28과 74종의 곤충을 보고하였다.[14] 대체로 벌목과 파리목 곤충이 다수를 차지하였다. 바퀴목과 톡토기목 곤충도 새롭게 추가되었다.

그런데 놀라운 사실은 31종이 미기록종이었으며, 그중 28종이 1mm 이하의 '미소곤충'이라는 것이다. 거기에는 2종의 국내 미기록종이 포함되어 큰 의의가 있다. 그것은 아마도 권 교수팀이 곤충 채집을 위하여 이전에 다른 조사자들이 사용하지 않은 일종의 '낙하함정장치(fit-fall trap)'를 도입하였기 때문으로 여겨진다. 이전의 조사자들이 주로 포충망을 이용한 '바닥 쓸기(sweeping)' 방법을 써서 크기가 1mm 이상인, 즉 육안으로 형태를 확인할 수 있는 곤충종을 대상으로 한 것과 대비된다.

13 이종욱, 『독도 자연생태의 고유성과 생물다양성』(대구지방환경청, 영남대학교 독도연구소, 2009).

14 경북대학교 울릉도 · 독도연구소, 앞의 보고서(문화재청, 경상북도, 2010).

Tip

독도 삽살개 '몽키'와 마스코트 '살비'의 관계는?

'2011 대구세계육상선수권대회'(8월 27일~9월 4일, 대구스타디움) 초기에 필자는 독도에 머물고 있었습니다. 비록 경기장에 있지 못하고 독도에 떨어져 있었지만, 텔레비전과 인터넷을 통하여 마스코트가 대회 현장을 누비는 모습을 어렵지 않게 볼 수 있었습니다. '활기찬 에너지와 열정이 넘치는 살비(SARBI)'가 우리나라 천연기념물 제368호 삽살개를 형상화한 것은 잘 알려져 있습니다. 그런데 바로 그 삽살개가 독도에도 살고 있다는 사실을 아는 이는 그리 많지 않습니다.

독도 삽살개는 '한국삽살개보존회'에서 독도의 해양경찰대에 지속적으로 기증한 것입니다. 필자가 2011년 8월 27일 독도를 방문했을 당시에는 외롭게도 한 마리만 독도를 지키고 있었습니다. 아직 어려 보였던 예쁜 황삽살이, 이름은 '몽키'. 삽살개로서 이름이 조금 이색적이었습니다. 무더운 독도에서 '몽키'가 해양경찰대와 함께 독도를 지키고 있을 때, 삽살개 마스코트 '살비'는 대구세계육상선수권대회 현장을 활기차게 누비고 있었습니다. 참으로 고맙지요, 우리 삽살개!

독도의 미생물[15]

우주를 다녀온 독도 생명체

"독도에서 분리했던 미생물이 우주여행을 다녀왔다고 하는데, 사실인지요?"

"그렇습니다."

지난 2008년 4월 8일 한국인 최초로 우주여행을 했던 이소연 씨가 우주실험을 위해 국제우주정거장으로 6가지 생물 혹은 세포를 가져갔다. 거기에는 연골세포, 조혈모세포, 식물 종자 외에 특별히 준비된 2종의 미생물도 포함되어 있었다.

당시 이소연 씨에 의하여 우주 공간에 노출되었던 미생물 중 하나가 바로 독도산 '동해아나 독도넨시스'라는 세균이다. 이 세균은 한국생명공학연구원의 오태광 · 윤정훈 박사 연구팀(이하 '오 · 윤 박사 연

15 이 글은 지난 2008년 8월 4일에 필자의 싸이월드 미니홈페이지(http://cyworld.nate.com/ghimsa) '게시판'에 올렸던 것을 2012년 2월 기준으로 새로이 수정 보완하였다. 참고로, 『한국의 자연유산 독도』(경북대학교 울릉도 · 독도연구소, 문화재청, 2009) 제7장 '미생물자원의 보고, 독도'의 내용과 일부 겹쳐 있음을 밝힌다.

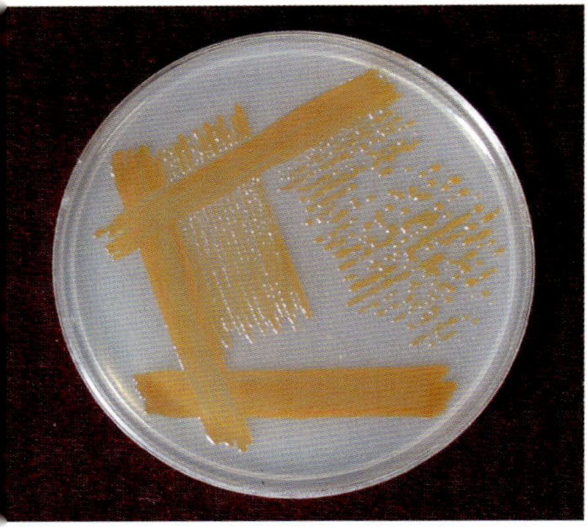

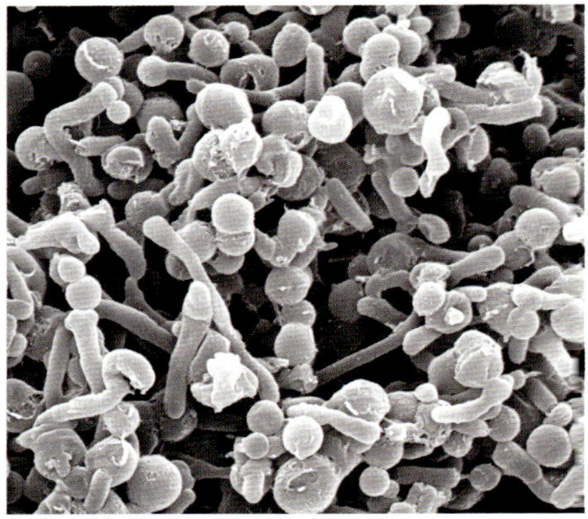

구팀'으로 줄여 씀)이 독도 주변의 바닷물에서 분리하여 2006년 국제 학술지에 '신속, 신종'으로 최초로 보고한 것이다. 이 세균은 뒤에 특이하게 항생제와 같은 물질을 생산하는 것으로 분석되기도 하였다.

여기 위에 올린 왼편 사진은 바로 이소연 씨가 우주공간으로 가져갔던 '동해아나 독도넨시스'라는 독도산 신속세균의 콜로니 모습이다(사진 제공: 한국생명공학연구원). 오른편 사진은 그 세균을 전자현미경으로 찍은 모습이다.

독도의 열린 미생물 세계

우리 눈에 보이는 것을 기준으로 하여 거시적 수준에서 살펴볼 때, 이제까지는 독도의 생물상이 대체로 울릉도의 그것과 크게 다르지 않다고 알려져 왔다. 실제로 독도 생태자원에 대한 연구는 울릉도 생태자원 연구와 별도로 떼어서 진행하기가 어려운 것이 사실이기도 하다.

지질학적으로는 독도가 울릉도보다 훨씬 앞서 생긴 것으로 알려져 왔지만, 생물상의 분포는 오히려 독도가 울릉도에 의존적인 것으로 파악되어 왔기 때문이다.

그렇지만, 만약 눈에 보이지 않는 해저 지형이나 작은 크기의 생물까지 넓혀서 고려한다면, 그러한 견해는 수정될 수도 있다. 이는 몇 가지 이유에서 그러하다. 먼저 해저 200m 내외의 해산이 독도 가까이에는 2개나 있지만, 울릉도는 그렇지 않기 때문이다. 두 섬 인근에 대한 해저생물상의 다양성은 해산이 많아서 넓은 영역을 가진 독도가 우세할 가능성이 있다. 또한, 울릉도 미생물상에 대한 조사가 거의 이뤄지지 않아서 데이터를 비교해서 설명하기는 어렵지만, 독도의 미생물상에는 신종이나 신속이 여타 지역에 비하여 높은 비율로 포함되어 있는 것으로 보이기 때문이다.

독도의 생태자원에 대한 연구는 그간 주로 초본류를 중심으로 한 식물상과 조류를 중심으로 한 동물상 조사에 집중되어 왔지만, 21세기에 들어와서는 조금씩 달라지기 시작하였다. 그러한 변화의 계기는 2005년 한국생명과학연구원 오 · 윤 박사 연구팀에 의하여 촉발된 것으로 여겨진다. 그것은 독도 인근 자연자원에 대한 관심으로까지 확장되면서 다양한 방면에서 가치 있는 독도의 중요성을 우리에게 일깨워준다.

| 독도는 자연자원의 보고 |

흔히 우리가 독도의 생태자원을 거론할 때, 그것은 동물, 식물, 미생물 등을 포함한 생물자원, 즉 섬의 육상과 주변 해양의 다양한 생물자원을 일컫는다. 독도의 생물자원에 대한 본격적인 연구는 매우 제한적인 편이며, 그러한 내용을 다루면서 대중적 눈높이에 맞는 저서는 드물다.[16] 부끄럽지만, “독도문제에 대한 높은 시사적 관심도에 비한다면 그곳의 생태자원에 대한 체계적 조사나 연구는 소홀하였다.”[17]고 고백하는 것이 오히려 맞을 것이다.

다행스럽게도, 수년 전부터 경북대학교 울릉도 · 독도연구소가 대구지방 환경청 혹은 문화재청, 경북도청, 울릉군청 등과 협력하여 독도의 육상생태환경에 대한 모니터링을 실시해오고 있다. 앞으로 모니터링 데이터가 축적되면 자연과학 분야의 여러 가지 창의적 사고를 위한 출발점이 될 수 있고, 제기될 수 있는 문제점에 대한 해결책 모색의 근거가 될 수도 있을 것이다. 독도산 미생물에 대하여 오 · 윤 박사 연구팀이 국제학술계에서 수준 높은 연구 결과를 발표한 것도 독도 자연자원에 대한 소중함을 다시 한 번 우리에게 일깨워 주는 계기가 되었다.

오 · 윤 박사 연구팀이 국제학계에 발표한 수십 종의 신속 혹은 신종 세균이 독도를 단 한 차례 방문하여 채취한 시료에서 분리한 것이라고 하니 놀랍지 않을 수 없다. 저명한 세균분류학자인 윤정훈 박사의 증언에 따르자면, 분리된 균주 중 70% 이상이 신종이거나 신속인 경우는 자신의 적지 않은 경험 가운데 독도 시료가 거의 유일하다고 하였다. 앞으로 더 많은 연구를 지속해봐야 하겠지만, 독도가 신종이나 신속 세균의 보고일 가능성을 보여 주는 대목이라 하겠다. 아마도 독도가 보다 다양한 자연자원의 보고일 가능성은 단지 세균의 영역에만 머물지 않을 것으로 추정된다.

16 경북대학교 울릉도 · 독도연구소, 『독도의 자연』, 경북대학교출판부, 2008.

17 김사열, 「미생물자원의 보고, 독도」, 박재홍 외 12인 공저, 『한국의 자연유산 독도』, 186쪽, 문화재청, 2010.

| 독도의 신종 미생물 연구 |

오 · 윤 박사 연구팀에 의한 독도 유래의 미생물 분류연구는 '버지바실루스 독도넨시스(*Virgibacillus dokdonensis*)'라는 세균이 신종이라는 사실을 발견하여 국제학술계에 보고한 것이 최초였다(아래 사진 참고, 사진 제공: 한국생명공학연구원). 구체적으로, 그것은 윤정훈 박사를 포함한 다수 공동저자에 의하여 2005년 9월에 미생물분류 분야의 저명한 국제학술지 『국제미생물계통분류학회지(IJSEM)』[18]에 발표되었다. 당시의 논문 제목을 한글로 번역하자면, '한국의 동해 끝에 위치한 섬 독도에서 분리된 신종 세균 버지바실루스 독도넨시스'였다.

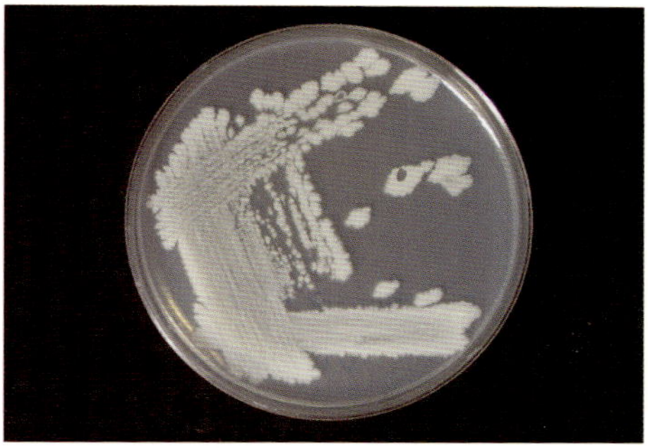

오 · 윤 박사 연구팀은 2005년 독도산 신종 미생물을 국제학술지에 최초로 보고한 이래, 5년 동안 4속 31종이라는 35개나 되는 독도 유래 새로운 세균에 대한 연구결과를 발표하였다. 그 외에도 다른 연구자들에 의하여 독도 신종 미생물 6종이 더 추가되었다. 구체적으로, 서울대학교의 천종식 등(2006)과 순천대학교 성지남 등(2008)은 독도 토양으로부터 세균 '슈모모나스 세게티스(*Pseudomonas segetis*)'와 독도 모래 침전물로부터 방선균 '노카르디오이데스 독도넨시스(*Nocardioides*

18 IJSEM은 영국에서 발행되는 『국제미생물계통분류학회지(International Journal of Systematic and Evolutionary Microbiology)』의 약자 표시이며, 국제적으로 신규 세균의 정식 등록은 주로 이 학술잡지를 통해서 이루어진다고 알려져 있다.

dokdonensis)'를 분리하여 신종 세균과 신종 방선균으로 국제학술지에 각각 보고하였다.

한국해양연구원 이정현 박사팀은 독도 주변 해양조류 뿌리로부터 세균 '프라겔리모나스 엑클로니아에(*Flagellimonas eckloniae*)'를 분리하여 2007년에 신속으로 발표하였다. 또한, 이 박사팀은 2008년에는 독도 부근 해양조류 뿌리로부터 신속으로서 2종의 신종 세균 '크로케이탈레아 엑클로니아에(*Croceitalea eckloniae*)'와 '클로케이탈레아 독도넨시스(*Croceitalea dokdonensis*)'를 한꺼번에 발표하였다. 이 박사팀에 의한 독도 미생물 연구 시작은 시료 채취 대상을 독도의 토양이나 바위에 국한하지 않고 인근의 깊은 바닷속까지 넓혔다는 점에서 큰 가능성을 가지게 하는 부분이다. 특히 한국해양연구원은 2008년 경북 울진에 동해연구소를 설립하여, '독도전문연구센터'를 두어 운용하고 있어서 더욱 기대감을 갖게 한다(아래 사진 참고).

2007년에 이르러서는, 경북대학교 울릉도 · 독도연구소의 독도미생물자원연구팀(책임자: 필자)에 의하여 독도 미생물에 대한 체계적

이고 주기적인 채집, 기록, 연구 등이 이루어지기 시작하였다. 독도 미생물상에 대한 생태학적 모니터링과 독도미생물자원의 기능 연구에 치중해 오던 독도미생물자원연구팀은 한국생명공학연구원의 오 · 윤 박사 연구팀과 공동연구로 연결되면서, 세균동정 연구를 동시에 진행하게 되었다.

실제적으로 독도미생물자원연구팀은 2007년부터 2010년까지 여러 차례 독도 현장을 방문하여 1,000종 이상의 세균을 분리해 분류계통학적 동정 연구에 박차를 가하고 있다. 독도에서 분리한 여러 종류의 신종후보세균을 대상으로 심도 있는 미생물분류계통학적 실험을 진행한 결과, '슈와넬라 독도넨시스(*Shewanella dokdonensis* KUDC329, 위 사진 참고)'가 신종으로 밝혀져 그 연구 결과가 국제학술지에 게재 승인된 상태이다. 2005년에 시작된 독도 미생물에 대한 국제학계 보고가 이제 43번째에 이르게 되는 셈이다.

| 독도 최초의 신종 세균과 신속 세균 |

'독도 최초'라는 수식어가 붙을 수 있는 신종과 신속 미생물에 대한 연구 보고는 둘 다 세균을 대상으로 하여 2005년에 이루어졌다. '버지바실루스 독도넨시스(*Virgibacillus dokdonensis*)'와 '독도니아 동해엔시스(*Dokdonia donghaensis*)'가 바로 그것들이다. 두 세균에 대한 연구는 모두 한국생명공학연구원 오 · 윤 박사 연구팀에 의하여 진행되

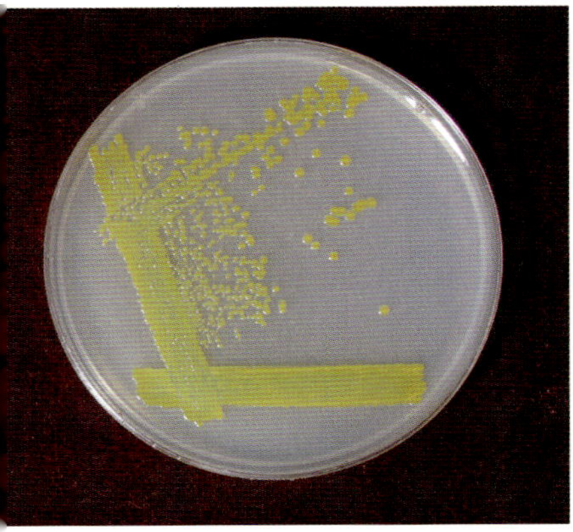

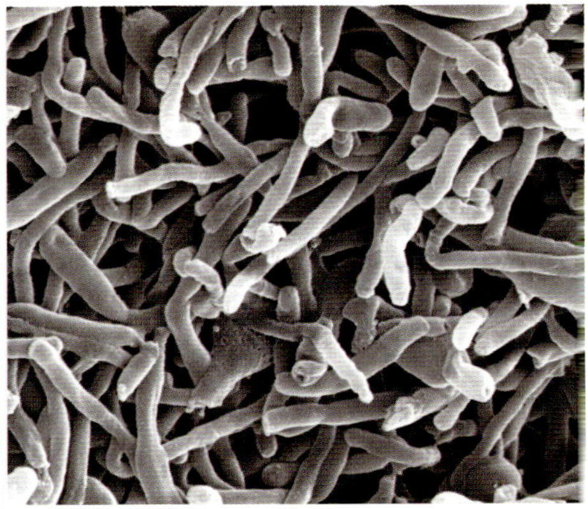

었다. 해당 세균을 포함하는 시료의 경우, 전자는 독도토양에서 후자는 독도 주변 해수에서 채취되었다.

맨 처음 독도 주변 바닷물에서 분리되어 DSW-10T라는 균주명이 붙었던 '버지바실루스 독도넨시스'라는 신종 세균은 오 · 윤 박사 연구팀에 의하여 내생포자를 형성하며 운동성을 가진 것으로 조사되었다. 또한, 독도산 최초 신속 세균이면서 신종으로 보고된 '독도니아 동해엔시스'의 경우, 오 · 윤 박사 연구팀에 의하여 애초에 독도 해수로부터 두 균주(DSW-1T, DSW21)가 분리되었다.

신속 세균 '독도니아 동해엔시스'(위의 해당 세균 집락과 전자현미경 사진 참고, 사진 제공: 한국생명공학연구원)로 명명된 두 분리균주는 그람염색에서 음성반응을 보였고, 운동성을 보이지 않았다. 특별히, 이 두 균주는 카로티노이드 색소를 생산하며, 실제로 고체배지 상에서 집락이 노란색을 띠고 있음을 확인할 수 있었다고 한다.

| 독도에 어떤 세균이 분포하는가? |

다른 생물군 분야에 비하여 비록 뒤늦게 연구가 이루어졌지만, 독도의 미생물은 신종과 신속 세균에 대한 기록을 학술적으로 쏟아 내면서 대중적 관심을 받게 되었다. 당연히 적지 않은 질문이 제기되었다. "얼마나 되는 숫자와 어떤 종류의 미생물이 독도에 살고 있습니까?" 아마도 그것에 대해서는 누구도 정확하게 답할 수 없겠지만, 몇 군데를 부분적으로 측정하여 전체 크기로 환산하면 될 것인데, 독도의 미생물 숫자가 타 지역에 비하여 특별히 많거나 적지는 않을 것이다. 동일한 크기의 타 지역과 유사할 것으로 추정된다.

그렇다고 해서 독도의 미생물 종류가 타 도서지역의 그것과 유사할 것인지는 미지수이다. 참고로, 독도에서 한 차례 시료를 채취하여 무려 35종의 신종 세균을 국제학계에 보고한 윤정훈 박사는 앞서 적었듯이 "세균분류학자로서 지구촌에서 두루 시료를 채취하여 연구해 왔는데, 독도는 최고 높은 비율의 신종 기록을 하도록 해 준 곳이어서 더 특별하다"라며 필자에게 개인적 소회를 밝힌 적이 있다.

앞서 언급한 바 있는 경북대학교 독도미생물자원연구팀은 2007년부터 해마다 독도를 드나들면서 독도 생태계 모니터링 사업의 일환으로 다량의 미생물 시료를 지속적으로 채취하였다. 그들은 그렇게 얻은 미생물을 대상으로 독도의 토양세균과 해양세균 구조를 분석하여 그 결과를 각각 발표하였다. 실제로 전 등(Jeon *et al*., 2009)은 독도에서 자라는 식물뿌리 주변의 토양시료로부터 내생포자형성세균과 질소고정세균을 채취하여 제한적인 군집 구조분석을 시도하였다. 그것은 매우 의미 있는 작업이었지만, 포자형성세균 56개와 질소고정세균 23개를 대상으로 이루어진 것이어서 숫자가 너무 적다는 한계를 지니고 있다.

포자형성세균의 경우, 바실루스(*Bacillus*, 24종)와 페니바실루스(*Paenibacillus*, 17종)가 전체에서 73%나 차지하여 우점 세균으로 밝혀졌다. 독도의 기후와 지질학적 특성이 생명체들에게 극심한 스트레스를 유발한 까닭에, 그렇게 수종의 세균 종류로 비교적 단순한 우점 유형이 정착한 것으로 해석되기도 하였다. 분리된 56개의 포자형성세균을 대상으로 16S rRNA 유전자 염기서열을 비교하여 계통수를 분석한 결과, 90% 이상이 그람양성세균으로 분석되었다. 포자형성세균 군집은 감마-프로테오박테리아, 낮은 G+C 그람양성세균, 높은 G+C 그람양성세균 등을 포함하는 4개의 계통임이 밝혀졌다. 별도로, 독도에서 분리된 23개 질소고정세균을 대상으로 한 계통수 분석의 결과는 프로테오박테리아 종류가 약 70%를 차지하여 우세를 보였다.

한편, 독도미생물자원연구팀은 독도의 토양세균과 같은 시기에 해양세균에 대해서도 유사한 분석을 시도하였다. 그들은 독도 주변 바닷물을 시료로 채취하여 해수한천배지에서 배양해 콜로니 형태가 다른 특징을 가진 198종의 해양세균을 얻어서 분석하였다. 성 등(Sung *et al*., 2010)의 연구 결과에 의하면, 분리균 중 163개 균주의 16S rRNA 유전자 염기서열을 분석한 결과, 56속 94종으로 부분 동정되었다. 구체적으로, 감마-프로테오박테리아(58%), 알파-프로테오박테리아(20%), 박테리오데테스(16%) 등이 우세하였다. 이는 독도의 미생물 군집 분포가 한반도 주변 다른 해수환경 미생물 집단과 상당히 다른 양상을 보이는 결과이다.

독도미생물자원연구팀의 독도 해양세균에 대한 계통분석학적 연구 결과는 몇 가지 중요성을 일깨워 주었다. 첫째로, 독도에 매우 다양한 세균이 분포되어 있다는 것이다. 둘째로, 그중에는 비교적 높은 비율의 신종후보 세균이 포함되어 있다는 점이다. 결국, 그러한 중요성은 독도에서 분리된 해양세균과 토양세균이 세균 자체뿐 아니라 생성 물질, 유전자 등을 대상으로 그 유용성을 연구할 때 더욱 빛을 발할 가능성이 있음을 암시한다.

| 독도 미생물자원에 대한 유용성 연구 |

독도에 서식하거나 머무는 여타 생물들에 대한 조사나 기록은 수십 년 혹은 수백 년 전부터 이루어져 왔다. 그와 달리, 독도에서 미생물을 분리하여 분류 · 계통학적 조사나 연구를 시작한 것은 21세기에 들어와서이다. 비록 짧은 기간에 이루어진 연구라 그 결과가 많지 않지만 독도에 다양하고 새로운 신종 미생물이 많을 가능성을 내비친 것은 매우 다행스런 일로 여겨진다.

그뿐 아니라, 발견된 미생물을 대상으로 제한적이나마 그 유용성에 대한 탐색이 시작되어 이제까지와는 또 다른 새로운 가능성을 제시하게 되었다. 예를 들자면, 독도산 세균을 대상으로 담즙산 생산, 식물생장 촉진 및 전신유도저항성 유도, 탄산칼슘 형성 등에 대한 연구가 이루어져 그 결과가 알려지게 된 것이다.

김 등(Kim *et al.*, 2007)은 독도로부터 분리된 DSW-1, DSW-5, DSW-6, DSW-8 등을 포함하는 4종의 세균이 담즙산 생합성을 한다는 사실을 밝혔다. 그들은 특별히 '동해아나 독도넨시스(*Donghaeana dokdonensis*) DSW-6'가 항세균 물질을 생산한다는 사실을 발견하였다. 그러한 발견 이전에는 미생물 중 스트렙토미세스(Streptomyces), 미로이데스(Myroides) 속의 특별 종만이 담즙산을 생산하는 것으로 알려져 왔는데, 다양한 해양세균에서 담즙산이 일반적인 이차대사산물일 가능성을 제시해 주어 관련 학계에서 주목을 받았다.

함 등(Ham *et al.*, 2009)은 독도에 서식하는 가짓과식물로부터 근

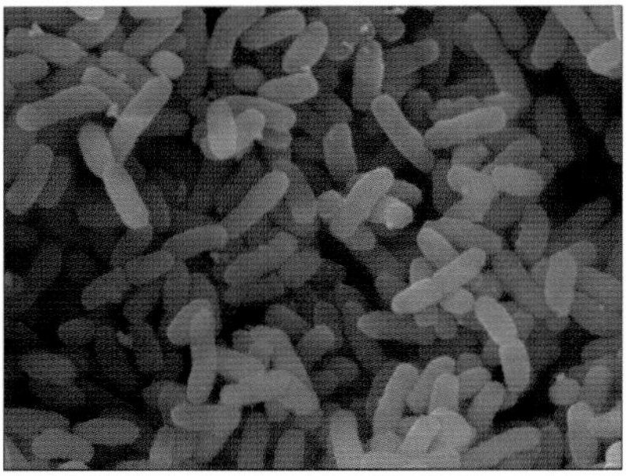

권세균을 분리하여 식물생장 촉진과 관련된 갖가지 특성을 밝히고, 기주식물체로 하여금 내병성을 가지도록 하는 전신유도저항성(induced systemic resistance, ISR) 활성이 있음을 발견하였다. 구체적으로, 그들은 동도에서 자라는 까마중 뿌리로부터 분리한 KUDC1013(오크로박트럼 루피니, 위 전자현미경 사진 참고), KUDC1027, KUDC1069 등의 균주들이 식물생장촉진능력과 관련성이 있는 사이드로포어 생성능, 인 가용능, 옥신 생산성 등을 모두 높게 가진다는 사실을 발견하였다. 그리하여, 그러한 근권세균이 '다기능 식물생장촉진 균주'일 수 있는 가능성을 제시하기도 하였다.

또한, 독도 까마중으로부터 분리되어 '오크로박트럼 루피니(*Ochrobactrum lupini*)'와 '미크로박테리움 파라옥시단스(*Microbacterium paraoxidans*)'로 각각 부분 동정된 KUDC1009와 KUDC1016은 담배와 고추를 대상으로 적용 실험을 한 결과 확연한 생장촉진효과가 확인되었다. 특히, KUDC1009 균주는 담배와 고추에서 공통적으로 생체중량 수치가 높게 나타나 범용적인 식물생장촉진자로서의 가능성을 제시하였다.

전신유도저항성에 대한 실험에서는, 독도 분리균인 KUDC1009, KUDC1013, KUDC1015 등이 담배에서 내병성 활성을 나타내었다. 고추에서는 KUDC1015와 KUDC1016이 강한 활성을, KUDC1009, KUDC1013, KUDC1017, KUDC1065 등이 어느 정도 긍정적인 내병성 활성을 보여 주었다. 그중 특별히, KUDC1009, KUDC1013

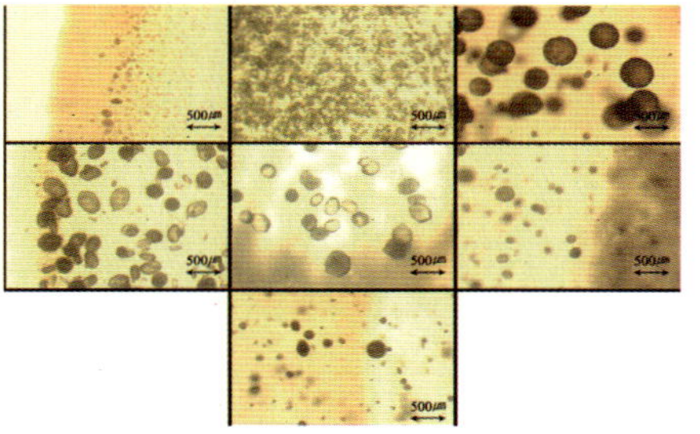

KUDC1015 등의 독도 분리균은 담배와 고추에서 식물생장촉진과 내병성에 대한 유용성을 두루 보임으로써, 다음 단계의 친환경 농업현장 적용 가능성을 열어 놓기도 하였다.

이어서, 함 등(Hahm *et al.*, 2010)은 독도로부터 분리한 KUDC1013, KUDC1015, KUDC1065균주 등을 고추에 처리하여 온실과 밭 환경에서 세균성점무늬병원균(*Xanthomonas axonopodis* pv. vesicatoria)에 저항하는 능력을 각각 조사하여 그 결과를 발표하였다. 분리균주마다 작용 유형이 다소 달랐지만, 대체로 내병성 유도 능력을 발휘한 것으로 나타났다.

박 등(Park *et al.*, 2010)은 독도로부터 분리한 세균을 대상으로 광물형성능력을 조사한 후(위 사진 참고), 세균이 형성한 탄산칼슘 결정을 건축공학적으로 이용하고 그 유용성 결과를 발표하였다. 흔히 탄산칼슘형성세균은 건축물 주변에 서식하는 것으로 알려져 왔는데, 독도 토양에서 다수가 발견된 것은 다소 이례적인 일이다. 더욱이 건축물 주변에서 채취한 분리균은 대체로 15% 정도만이 탄산칼슘을 형성하였는데, 독도 세균은 무려 50% 이상이 그러하였다. 독도의 탄산칼슘형성세균이 생성한 탄산칼슘 결정은 위 사진에서 보는 것처럼 그 결정이 매우 다양하다.

박 등(Park *et al.*, 2010)은 7종의 독도산 탄산칼슘형성세균을 시멘트-모래 모르타르에 혼합하여 굳힌 결과, 7일째 및 28일째에 KNUC601, KNUC604, KNUC605 등을 처리한 시편이 대조구에 비하여 압축강도가 다소 높게 나타났다. 실제로, '스테노트로포모나스 말토필리아(*Stenotrophomonas maltophilia*)'로 부분동정된 KNUC605를 혼합하여 처리한 시편에서 14% 이상이라는 다소 높은 압축강도 증진 효과가 나타났다.

| 향후 독도 미생물 세계와 그 너머 |

잘 알다시피, 독도에 대한 관심과 사랑을 표현하려면 그 땅이 우리 것이라고 지속적으로 주장하는 큰 목소리가 필요하다. 동시에 독도의 자연자원에 대한 다소 근본적인 관심 갖기도 매우 필요하다. 즉 대중적 관심과 더불어 자연과학적 연구가 뒷받침되어야 한다. 우리가 독도를 실효적으로 지배하고 있다는 사실을 큰 무기 삼아, 터무니없는 주장을 하는 일본과 외교적으로 불화를 만들지 않으려는 정부의 입장은 일정 부분 이해되지만, 지나치게 소극적으로 혹은 수동적으로 대처하는 우리 외교통상부의 태도는 해방 이후 큰 틀의 변화가 감지되지 않을 정도이다.

21세기에 들어서면서 한국의 일부 미생물학자들이 독도로부터 세균을 분리하여 신종과 신속을 발견해 국제학계에 발표해 온 일은 독도 문제 풀기에서 무척 고무적이고, 학술적으로도 의미가 있는 일로 평가를 받았다. 이러한 시도를 통해 더 많은 독도산 세균이 새로운 이름을 부여 받고, 미생물 중 효모를 포함한 곰팡이와 같은 다른 종에 대해서도 이러한 연구와 발표가 이루어져야 할 것이다. 그렇게 확보한 다양한 미생물자원을 기반으로 하여 여러 가지 유용성 연구가 이어진다면, 독도의 가치는 더욱 높아질 것이다.

독도를 지키는 일은 매우 중요하다. 역사적으로 외세를 이기며 평화를 사랑하는 정신적 전통을 이어오는 가운데, 비록 면적은 얼마 안 되지만 조상에게 물려받은 독도라는 섬이 얼마나 소중한지를 우리는 잘 알고 있다. 이 시대 강대국으로부터 독도를 지키며 익혀 온 우리의 평화주의적 가치가 이 땅의 후손과 전 세계인에게로 전파되어 머지않아 겨레 통일이 이뤄지고 지구촌에 평화가 정착하기를 소망해 본다.

Tip

특허가 걸린 독도 생명체

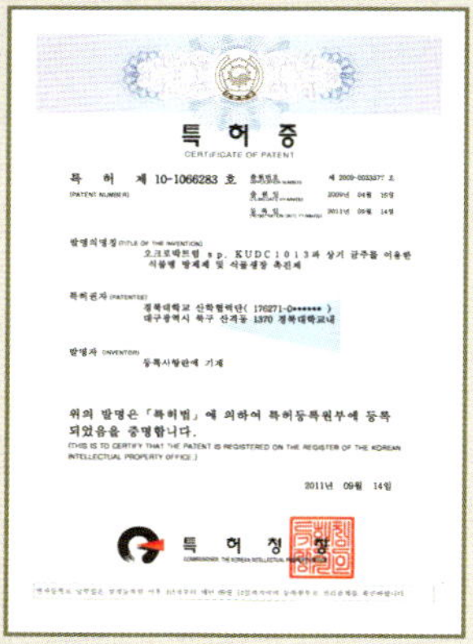
특 허 증
CERTIFICATE OF PATENT
특 허 제 10-1066283 호
(PATENT NUMBER)
2011년 09월 14일
발명의명칭 (TITLE OF THE INVENTION)
오크로박트럼 sp. KUDC1013과 상기 균주를 이용한 식물병 방제제 및 식물생장 촉진제
특허권자 (PATENTEE)
경북대학교 산학협력단(176271-0******)
대구광역시 북구 산격동 1370 경북대학교내
발명자 (INVENTOR)
등록사항란에 기재
위의 발명은 「특허법」에 의하여 특허등록원부에 등록되었음을 증명합니다.
(THIS IS TO CERTIFY THAT THE PATENT IS REGISTERED ON THE REGISTER OF THE KOREAN INTELLECTUAL PROPERTY OFFICE.)
2011년 09월 14일
특 허 청 장

독도의 육상에 서식하는 가짓과식물인 까마중으로부터 분리한 세균 중 '오크로박트럼 루피니(*Ochrobactrum lupini* KUDC1013)'를 포함한 일부 균주가 고추에 대한 식물생장촉진 능력과 식물면역 기능을 유도하는 전신유도저항성 능력을 동시에 가지고 있음이 학계에 보고되었습니다[함 등(Ham *et al.*, 2009)].

그 후, 독도 세균 중 식물생장촉진과 전신유도저항성 능력을 동시에 가진 것으로 판명된 '오크로박트럼 sp. KUDC1013' 균주를 대상으로 국내 특허 신청이 이루어졌다가, 특허청으로부터 2011년 9월 14일에 등록이 허락되었습니다(위 특허증 사진 참고). 해당 특허의 등록번호는 10-1066283이고 발명 제목은 '오크로박트럼 sp. KUDC1013과 상기 균주를 이용한 식물병 방제제 및 식물생장 촉진제'입니다. 특허 발명자는 경북대학교 김사열, 함미선, 박성진, 전선애, 박유미, 성혜리 등과 한국생명공학연구원 류충민 박사를 포함한 7인입니다.

그와는 별도로, 독도에서 분리한 세균 중 일부(아스로박터 니코티노보란스 *Arthrobacter nicotivorans* KNUC601 등 7종)가 탄산칼슘을 생성하며, 시멘트 모르타르에 첨가하면 압축강도가 높아지고 균열보수 능력이 생긴다는 사실이 밝혀졌습니다[박 등(Park *et al.*, 2010)]. 그러한 연구 결과와 연관되어 필자 연구팀에서도 독도 분리균을 대상으로 건축공학적 소재와 관련한 국내특허를 5건 출원한 상태입니다.

독도를 생각하다: 대한민국과 독도

독도에 대한 소견[19]

앞서 밝힌 바와 같이, 필자는 2007년 늦여름에 난생 처음으로 독도를 다녀왔다. 운이 좋게도, 이어서 수년 동안 여러 차례 독도를 다녀왔다. 처음에는 동도에 갔고, 두 번째는 서도에까지 갈 수 있어서 더욱 좋았다. 비록 두 차례 모두 2박 3일의 짧은 일정이었지만, 독도에 대한 생각은 적지 않았다. 몇 가지 요약하여 정리해 보았다.

먼저, 독도는 국가가 지정한 '천연보호구역'이므로 생태학적으로 제대로 보존될 필요가 있다고 여겨졌다. 그러려면, 무엇보다 관광객 숫자와 상주인원을 축소해야 할 것이다. 그러한 결정은 쉽지 않겠지만, 독도를 생태학적으로 사랑한다면 좀 더 사려 깊은 생각과 결정이 뒤따라야 한다.

일단 현재 한 번에 500명, 하루 1,800여 명의 관광객이 입도할 수 있도록 해 놓은 것을 대폭 축소해야 한다. 왜냐하면 독도에 입도하는

19 이 글은 지난 2007년 9월 19일에 필자의 싸이월드 미니홈페이지(http://cyworld.nate.com/ghimsa) '게시판'에 올린 것을 이리로 옮겨 왔다.

관광객 수가 너무 많으면 독도에서 휴식하거나 번식하는 야생조류의 생태학적 환경에 부정적 영향을 미칠 것이 불 보듯 뻔하기 때문이다.

여객선을 통한 입도 인원은 2005년 19,760명이던 것이 2006년 46,332명, 2007년 66,183명, 2008년 101,243명으로 가파르게 증가해 왔다. 여기에 해마다 1,100~13,00명에 달하는 인원이 헬기나 행정선, 해경정 등을 이용해 추가적으로 입도하고 있어 '생태적 수용 능력'을 초과한 입도를 제한해야 할 수준에 와 있다. 독도 생태계에 대한 지속적인 모니터링 결과, 입도객의 증가로 인하여 발생할 수 있는 독도 청정해역 및 해양생태계에 대한 부정적 영향과 외부 식물종자 유입이나 설치류인 쥐 유입의 위험성과 같은 독도 육상생태계에 대한 우려도 지적되어 왔다.

같은 맥락에서, 상주 인원도 가능하면 줄이는 것이 바람직할 것이다. 현재 독도에는 서도에 한 가족, 동도에 등대지기, 독도경비대 등을 포함하여 무려 50명 이상(2008년 당시 53명)이 상주하고 있다. 그중 경비대를 현재의 소대 규모에서 분대 규모로 최소화하여 배출되는 하수처리 능력에 무리가 되지 않도록 해야 할 것이다.

앞에서 말한 것처럼 독도 생태계를 보존하기 위해 입도객을 제한할 필요가 있지만 관광객이 한꺼번에 몰리는 것을 막는 일도 중요하다. 한 번에 너무 많은 인원이 독도에 들어오면 독도 생물들이 피해를 입을 수 있기 때문이다. 울릉도와 독도를 오가는 정기 여객선은 말이 '정기선'이지 실제로는 배 한 척당 일정 수 이상의 사람이 타지 않으면 배를 운항하지 않는다. 배를 이용하는 손님이 적더라도 여객선을 정기적으로 운항하는 것이 독도 생태계를 지키는 데도, 관광객의 편의를 위해서도 바람직할 것이다.

분쟁 지역으로 바뀐 독도를 어떻게 해야 하나?[20]

독도는 지난 수십 년간 우리나라와 일본 사이에 영유권 문제로 불화를 제공해 왔지만, 분명히 대한민국이 실효적으로 지배하고 있다. 국제적으로 독도는 엄연히 '한국령'으로 분류되어 왔고, 단지 일본의 일각에서 '독도가 일본령'이라는 망언이나 불합리한 주장이 반복되어 왔다. 그럴 때마다 한반도에서도 그것에 대하여 감정적 대응이나 성토

20 이 글은 지난 2008년 7월 28일에 필자의 싸이월드 미니홈페이지(http://cyworld.nate.com/ghimsa) '게시판'에 올린 것을 이리로 옮겨왔다.

가 주를 이루면서 되풀이되어 왔다.

1905년에 일본은 역사상 처음으로 독도를 조선으로부터 빼앗았고 안타깝게도 일제 해방 후 독도에 관해서 명확한 정리가 이뤄지지 않았다. 구체적으로 1952년 샌프란시스코조약에서 미국이 일본의 권리 포기 섬 가운데 독도를 명시하지 않음으로써 일본 측 영유권 도발의 빌미를 제공했다. 1953년 이후 거의 60년에 이르는 동안 대한민국이 독도를 영토로 지배해 오는 중에 몇 차례 정치권의 부적절한 대응으로 독도 문제가 위기를 맞기도 하였다.

1962년 김종필-오히라 간 한일협정 각서 체결 당시 김종필이 발화한 '독도폭파론'은 오랫동안 무책임한 발언으로 회자되고 있다. 또 1998년 국민의 정부에서 '신한일어업협정'을 맺으면서 영토문제와 상관없이 연안을 기준으로 어업 협정을 맺어 독도영유권에 관하여 한일 간 분쟁의 소지를 남겼다. 대체로 한국 측은 한일 간 조용한 외교를 표방하며 우리가 손해보는 양보를 하거나 독도 문제를 풀기 위하여 실제로 아무 일도 하지 않았는데, 그 사이에 일본은 독도를 야금야금 먹으려는 계획을 추진해 왔다.

최근 이명박 정부가 독도 문제에 대하여 원칙 없이 혹은 무능하게 방치하거나 감정적 대응으로 우왕좌왕하는 사이에도 일본은 교묘하게 자신들의 의사를 국제 사회에 차근차근 관철시키는 작업을 실행해 왔다. 2008년 7월 14일 일본 정부가 중학교 사회과 교과서 새 학습지도 요령 해설서에 '다케시마는 일본 땅'이라고 해석할 수 있는 내용을 명기하면서 한일 양국 간에 큰 불화가 생긴 적이 있다.

이때 한국 측에서는 독도에 해양호텔과 종합해양기지 건설, 다리 건설, 마을 조성, 해병대 주둔, 유인도화 추진 등을 들고 나오며 야단법석을 떨었다. 그로부터 3년이 지난 지금, 구체적으로 실행된 것은 안타깝지만 한 가지도 없다. 우리나라 현행법상 독도 섬 전체가 '천연기념물'로 지정되어 있는 현실에서 보자면, 대부분의 제안은 불법이며 현지 실정에도 맞지 않아 추진해서는 곤란한 것으로 보인다. 환경 파괴나 안전 문제가 불거질 것임은 자명하므로, 개발 최소화의 원칙과 더불어 완벽하고 철저하게 준비된 접근이 필요하다.

일본 측의 다분히 계산된 자극에 대하여 한국 측이 불합리한 대응을 하며 시간을 허비하는 사이에, 2008년 7월 하순에는 미국 국립지리원 지명위원회가 누리집 상에서 독도에 대한 표기를 바꾼 사실이 알려지면서 온 국민에게 충격을 주었다. 실제로 그간 '한국령(Korea)'으로 표기해 오던 '독도-리앙쿠르 록스(Tok-to - Liancourt Rocks)'를 '미지정 주권 지역(Undesignated sovereignty)', 즉 사실상의 '분쟁지역'으로 바꾸어 표기했기 때문이다. 그런 큰 변화의 내용을 사전에 관련 당사국에 알려주지 않은 미국의 태도는 오랜 동맹국으로서 전혀 납득할 수 없다.

그렇다면 독도 문제에 대한 해결책은 무엇일까? 우선 우리가 알아야 할 사실은 일본 교과서에 독도를 일본령으로 표기하거나 미국 국립지리원 지명위원회의 결정 정도로 독도가 대한민국 땅이라는 사실이 바뀔 수 없다는 것이다. 일본 측의 도발에 대하여 한국정부는 독도문제에 관해서는 매우 단호한 원칙을 내세워야 할 것이다. 동시에 일본 측의 불합리한 태도에 대하여 불필요한 감정적 대응은 자제해야 한다.

한편으로, 독도에 대하여 큰 관심을 가지고 다각도로 연구하여 국제사회에서 합리적으로 받아들여질 수 있는 대응방안을 마련해 나가야 할 것이다. 그렇게 마련한 합리적 방안을 가지고 추후에는 국제사회와 일본 측에 보다 정교하게 대처할 필요가 있다. 구체적인 대책 없이 막연한 기대감만으로는 독도 문제를 우리 측에 유리하게 풀어 갈 수 없다. 여전히 독도는 대한민국 영토이지만, 이를 지켜가기 위하여 온 국민이 긴장을 풀지 말고 관련 전문가들의 지혜를 모아 나가야 할 것이다.

독도: 천연보호구역과 유인도화 정책[21]

한일 간 영유권 문제에 휩싸인 독도를 구할 방법은 무엇일까? 독도에 대한 유인도화 정책이 그중 하나일 수 있다. 그런데 독도는 1982년 천연기념물 제336호로 지정된 이래, 오랫동안 일반인의 접근이 허용되지 않았다. 그러다가 2005년 일본 시네마현의회가 해마다 2월 22일을 '다케시마의 날'로 지정하는 조례안을 가결하면서, 그에 대한 대응으로 참여정부에서 민간인의 독도 방문을 제한적으로 허용하게 되었다.

2005년 당시 발표되었던 이른바 '대일 신독트린'은 지금도 그 내용이 시사하는 바가 크다. '대일 신독트린'의 뼈대는 대일외교 4대 기조와 5대 방향으로 압축할 수 있다. 먼저 '대일 신독트린'의 4대 기조는 ① 인류 보편적 가치와 인식에 기초한 한일관계 구축, ② 독도 및 과거사와 관련된 문제 제기 등 일본의 식민지 침탈 정당화에 대한 단호한 대처, ③ 국제사회에 대한 한국의 당당한 대의 천명과 일본의 태도 변화 촉구, ④ 기존의 정치적 · 외교적 교류와 경제 · 사회 · 문화 및 인적 교류 증진 등이다.

21 이 글은 지난 2008년 8월 9일에 필자의 싸이월드 미니홈페이지(http://cyworld.nate.com/ghimsa) '게시판'에 올린 것을 이리로 옮겨왔다.

또한, '대일 신독트린'의 5대 방향은 ① 독도 영유권에 대한 확고한 수호 조치, ② 시대착오적인 역사왜곡을 바로잡기 위한 국제사회와 일본 내 양심세력과의 연대 등 모든 가능한 수단 동원, ③ 일제 피해자 권리보호를 위한 정부 조치와 일본의 성의 있는 태도 촉구, ④ 일본의 국제연합안전보장이사회 상임이사국 진출 견제, ⑤ 인적 · 문화적 교류 지속과 한일 시민단체 간 네트워크 구축 등이다.

최근 이명박 정부 일각에서 주장하는 독도 유인도화 정책은 천연보호구역인 독도에 대하여 초법적인 셈이다. 대부분 독도의 현실을 고려하지 않은 탁상공론이라 할 수 있겠다. 어쨌든 그것을 피하려면 우선적으로 현실에 맞추어 관련법도 바꿀 수 있어야 한다. 비록 친환경적 접근이라 하더라도 독도개발은 최소화하는 것이 바람직할 것이다.

한편, 천연기념물로서 독도를 생태학적으로 보존할 필요가 있지만, 1982년 당시 '조용한 외교'의 일환으로 민간인 출입을 통제한 것이 2005년까지 이어져 왔고, 지금도 제한적 접근만 가능하다는 점에서 천연보호구역에 대한 재고가 필요하다. 엄격하게 법을 적용하자면 천연보호구역에 사람이 상시적으로 접근하지 않아야 하지만, 현실적으로 이미 독도에는 적지 않은 숫자의 사람이 거주하고 있다. 바로 독도 주민 한 가정(2명), 등대지기 3명, 울릉군청의 독도관리소 직원 2명, 독도경비대원 46명 등 53명이 독도에 거주하고 있다.

그러므로 이미 독도에 살고 있는 이들의 거주 공간 부근에 대해서는 부분적으로 천연보호구역을 해제하거나 천연보호구역 친화형으로서 최소화된 개발이 이루어져야 합리적일 것이다. 그럴 경우 거론되는 '독도마을 만들기'도 기존 거주인 숫자를 유지하는 정도로 최소화하는 것이 바람직할 것이다. 구체적으로 경비대원을 대폭 줄이고 독도 주민을 10세대가량 늘리는 방식이 바람직할 것이라 여겨진다. 또한, 독도

에 대한 지속적 연구를 위하여, 독도에서 다소 떨어진 해상 공간에서 독도종합해양과학기지 구축 시 바닷속을 이용한 '해저 시설 만들기'는 첨단 과학기술을 총동원하여 적극 고려할 필요가 있을 것이다.

여기서, 먼저 '독도마을' 건설이든 '독도종합해양과학기지' 건설이든 독도의 자연생태가 최대한 지켜지는 '환경친화형'이 되어야 할 것이다. 둘째로, 수십 년 혹은 수백 년에 한 번 올 수 있는 규모의 지진이나 해일, 태풍 등과 같은 천재지변을 극복하는 '안전확보형'이 반드시 되어야 할 것이다. 마지막으로 독도 영유권을 지키는 유인도화 정책과 천연보호구역 정책이 적절히 공존할 수 있는 '첨단지혜형'이 되어야 할 것으로 여겨진다.

그렇지만, 독도에서 그러한 원칙을 지켜 적용하기는 쉽지 않다. 독도에 설치 · 운행되고 있는 화물운반용 리프트만 해도 그렇다. 독도 자연환경을 해칠 것 같은 리프트 시설은 확실히 눈에 거슬린다. 동도 정상 부근에 많은 인원이 상주하고 있어서 생활에 필요한 물건을 선착장에서 정상부로 쉽게 옮기기 위한 것이니 이해는 되지만 전혀 친환경적이지 않다(138쪽 사진 속 왼편 부분이 리프트의 도착 부분).

최근에 끝난 동도 정상 부근 헬기장 증축공사도 그러하다(138쪽 사진의 오른편 부분이 아래쪽에서 찍은 헬기장 일부 모습). 동도 정상부근에는 가끔 독도를 방문하는 정부 관료나 정치인들을 위하여 오래전에 설치된 헬기장이 있다. 시설이 노후되면 안전 보강 설비가 필요하겠지만 실제로 2011년 여름에 증축이 완료되어가던 헬기장을 보니, "이것은 너무 거창하네!"라는 생각이 들었다. 독도의 자연 생태계를 고려하면 그런 다소 큰 규모의 헬기장 증축은 확실히 반생명적이다. 소수의 특별한 방문자를 위하여 지구생태학적으로 더 중요할 수 있는 철새와 같은 엄청난 숫자의 방문자를 위협하는 것이 과연 온당한 일일까?

미래 에너지와 녹색환경을 위한 독도

근년에 경상북도는 울릉도를 국가 녹색성장의 대표적 시범장소로 육성하기 위하여 이른바 '녹색섬 프로젝트'를 추진해 왔다. 여기서 '녹색섬 프로젝트'는 울릉도 · 독도 지역 탄소배출을 최소화하여 기후변화에 적극 대응하고 녹색생활 관광으로 녹색성장을 달성하는 사업으로서 화석에너지 절감이 바탕이 되어야 할 것이다.[22]

실제로 울릉도는 전기에너지 대부분을 화력발전으로 공급한다. 울릉도 화력발전설비는 주로 등유를 원료로 사용하고 있다. 대구경북연구원의 주목할 만한 연구에 따르자면, 향후 울릉도 녹색섬 이미지에

22 〈대구경북연구원 뉴스레터〉, 2010년 6월 15일자.

부합하는 신재생에너지원으로는 태양, 물, 바람, 바이오, 지열 등을 들 수 있는데, 자원 이용 가능성은 바람과 물 에너지가 가장 적합한 것으로 분석되었다.

울릉도에 대한 그러한 분석은 독도의 경우에도 그대로 적용될 수 있다. 독도에서 사용 중인 화력발전을 통한 전기에너지 공급은 단계적인 준비과정을 거쳐 전적으로 신재생에너지로 전환되어야 할 것이다. 대안적인 신재생에너지원으로는 바람과 물이 우선적으로 고려될 수 있고, 울릉도와 달리 지열 사용은 부정적으로 여겨진다. 특별히 독도는 자연자원이 풍부하므로 미래의 바이오에너지원을 제공할 수 있는 광합성 세균이나 미세조류 외에도 다양한 해양조류에 대한 연구가 가능한 곳이다.

태양광도 독도에서 유력한 에너지 자원 중 하나일 수 있음이 제안되어 왔다. 실제로 그것은 설치작업이 이루어졌다. 2011년 8월 필자가 독도를 방문하였을 때, 위 사진에 보이는 것처럼 동도 중턱에 위치한 하수정화시설 상단부분에 태양광에너지 시설이 이미 갖추어져 있었다.

앞서 필자가 독도를 '에코 랩'[23]으로 다룰 것을 제안한 바 있듯이, 그린에너지 사이트로 첨단화한다면, 관광 상품으로서뿐 아니라 높은 수준의 친환경적 섬으로서 가치가 드높아질 수 있을 것이다. 독도에 대한 한국의 실효적 지배를 공고히 하기 위해서도, 독도 개발은 피할 수 없는 현실이다. 어느 경우든 그것은 '최소화된 개발'이면서 '최첨단 녹색개발'이 되어야 할 것이다.

23 독도 섬 전체에 대하여 '생태학적 실험실(Ecological laboratory)'이라는 개념을 도입하여 최대한 친환경적으로 구축하고, 독도 생태계를 파괴하는 행위를 제한하자는 주장이다. 예를 들자면, 독도에 대한 방문자의 입 · 출도를 청정실험시설 드나들듯이 과학적으로 관리하자는 것이다.

Tip

독도 문제를 둘러싼 한일 간 정치와 문화 (1) : 일본 측

독도 문제를 둘러싼 일본 정치인의 태도는 보수나 진보를 가리지 않고 동일하게 균형 감각을 잃고 있음이 입증되었습니다. 최근 집권한 민주당의 입장이 독도 문제에 대해서는 기존 자민당과 달라진 것이 없었기 때문입니다. 지난 수십 년 동안 일본 정부와 의회 인사들은 '독도가 일본 땅'이라는 터무니없는 주장을 해마다 반복해 왔습니다.

독도에 대한 일본 정부 각료나 정치인의 입장은 최근에도 크게 달라지지 않았습니다. 예를 들자면, 2011년 8월 1일 일본 자민당 소속 3명의 의원이 김포공항에 입국하려다가 우리 정부에 의하여 입국이 금지되어 되돌아간 적이 있습니다. 그들이 독도 영유권 문제를 쟁점화하려는 의도 아래 울릉도 방문을 예고했기 때문입니다. 일본인이면 누구나 한국 땅 어디나 방문할 수 있고, 울릉도나 독도까지 방문이 허용됩니다. 그런데 독도에 대한 불순한 목적을 관철하려고 우리나라에 들어올 경우 입국이 제한될 수밖에 없습니다.

한 일본역사 문제 전문가의 견해에 따르면, 일본정부나 의회 측 일부 인사들의 독도에 대한 억지 주장은 일본인 개인의 견해라기보다는 집단의 견해를 대변한다고 합니다. 적지 않은 숫자의 일본인 학자나 대다수 시민단체활동가들은 독도가 한국 땅이라는 데 이견 없이 동의한다는 것입니다.

구체적으로, 교토대학 호리 가즈오 교수는 1987년『조선사 연구회 논문집』에 기고한『1905년 일본의 다케시마 편입』이라는 논문에서 독도는 한국 영토라고 분명히 선을 긋기도 하였습니다. 2011년 10월 28일 도쿄 교직원노조는 2012년도 중학교 사회교과서에 대한 자체 검토자료에서 "독도가 일본령이라고 말할 수 있는 역사적 근거는 없다"라고 밝히기도 하였습니다.

그래서 독도 문제 해법에 있어서는, 일본 측을 모조건 나쁘다고 적대시할 것이 아닙니다. 한국 측 주장에 동조하는 양식 있는 일본시민이나 활동가들과 긴밀히 연대하여 함께 문제를 풀어 나가는 것이 더 지혜로운 접근 방법이 될 수 있습니다. 바로 독도 문제 풀기를 통한 한일 간 상생입니다.

독도 이야기와 기록

독도에 대한 기록 전쟁: 고지도

독도에 대한 한일 간 영유권 분쟁에서 옛날의 기록이 중요한 증거가 되는 경우가 많다. 특히 20세기 이전에 독도를 언급한 고문서와 고지도가 그러하다. 그것의 발행이 국내이든 국외이든 어느 것이나 마찬가지이다.

여기에 사진으로 올린 것(145쪽 사진)도 그러한 고지도 중 하나이다. 아마도 민간에서 개인이 소장해 오다가 적절한 가격에 팔거나 대가를 받고 정부기관에 기증하려고 내놓은 물건으로 알려진 것 중 하나이다. 한 전문가의 감정에 의하면 18세기경에 제작된 것으로서 동일한 목판본이 이미 다른 곳에 소장되어 있다고 한다.

원래 한반도의 여러 지역을 나눠 목판본으로 제작한 이 지도는 여러 장이 한 세트이다. 그중 독도가 언급된 것을 골라서 사진으로 찍었다. 독도는 울릉도 아래에 '우산'으로 표기되어 있다. 한때 독도와 울릉도는 서로 바꿔 가며 '우산'으로 불린 적이 있다.

독도 지명이 정확하게 기록된 다양한 지도자료 확보는 역사적으로 독도가 우리 것임을 증명하기 위하여 반드시 필요하다. 그것이 어디

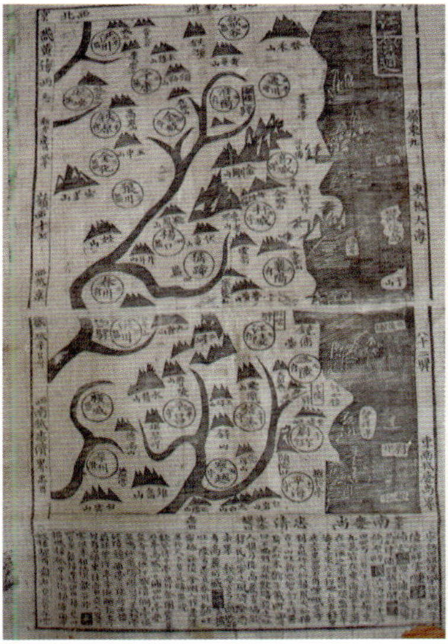

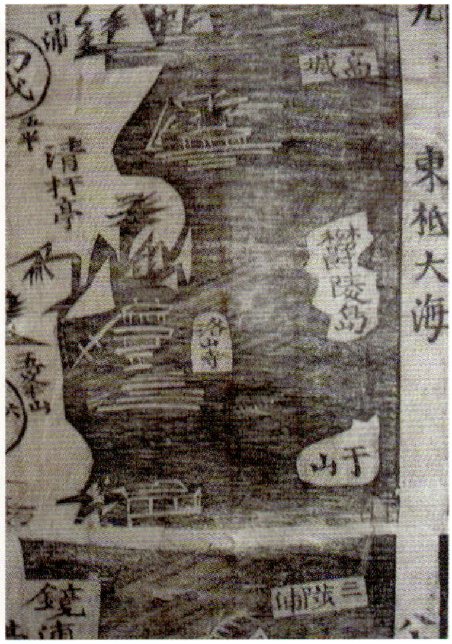

고지도에만 그치겠는가? 국내외에 존재하는 옛날 독도에 대한 기록 자료는 무엇이든지 찾아 국가 차원에서 확보해 두어야 할 것이다.

독도대중교양강좌: 국제법상의 독도영유권 문제

2009년 10월 8일 오후 4시부터 2시간 동안 경북대학교 정보전산원 4층 국제회의실에서 첫 '독도대중강좌'가 열렸다. 200명 이상이 강의실을 가득 메운 가운데 해당 분야의 전문가인 인하대학교 로스쿨 김현수 교수가 '국제법상의 독도영유권 문제'라는 제목으로 강연을 펼쳤다. 여기 올린 사진은 김현수 교수의 강연 모습을 담고 있다(146쪽 사진).

김 교수는 독도를 두고서 한일 간에 펼쳐 왔던 주장을 비교분석하

면서, 국제재판소에서 다뤘던 국제적인 사례를 중심으로 독도 문제에 대한 합리적인 해법을 모색하였다. 가능하면 독도 문제가 국제재판으로 다퉈지지 않아야 겠지만, 만약을 대비하는 것이 바람직하다고 충고하였다.

김 교수는 향후 독도 문제와 관련된 해결책으로 두 가지를 제시했다. 첫째로, 일본에는 독도 전문가가 다수 있어서 외무성을 중심으로 비밀리에 연구와 작업을 진행 중이지만, 국내 사정은 전혀 그렇지 못하여 관련 분야 전문 인력 인프라 구축이 필요하다고 하였다. 둘째로, 해외전문가 네트워크를 활용하여 저명한 외국인들의 논문이나 글, 발언 등을 통하여 독도가 한국의 영토임을 자연스레 시인하게 만들 필요가 있다고 하였다. 당사자 주장이 너무 상반될 때는 결국 제3자가 판정할 수밖에 없기 때문이다.

거기서 필자는, "경북대학교 울릉도 · 독도연구소가 그동안 펼쳐 온 독도 자연자원에 대한 연구가 독도영유권 문제 풀기에 도움이 될 수 있는가?"라는 질문을 했다. 이에 김 교수는 "자기 나라 땅의 자연자원에 대하여 관련 분야 전문가들이 연구를 하는 일은 지극히 당연하다. 만약 영유권 분쟁이 생길 경우, 국립대학교 부설 연구소에 의한 독도 자원연구는 국가지원에 의한 것이므로 '국가주권행사'의 일종으로 볼 수 있어서 매우 중요한 자료로 활용될 것이다."라고 답하였다.

이후에도 '독도를 가슴에 품고 대한민국을 세계로'라는 슬로건을 내걸고 진행된 경북대학교 울릉도 · 독도연구소의 '독도대중교양강좌'는 5차례 더 이어졌다. 거기에는 신용하 전 서울대학교 교수의 강연, 박기태 반크 대표 강연, 박찬홍 동해연구소장 강연, 일본역사 문제 전문가인 최봉태 변호사의 강연 등이 포함되었다. 학생들을 비롯한 많은 대중이 독도 문제에 대하여 좀 더 냉철한 관심 가지기를 권유하는 바이다.

『독도의 자연』 전시회

지난 2009년 9월 12일 오후에 필자 일행은 경주시 보문단지에 위치한 '경주타워'에 갔다. 당시 경북대학교 울릉도 · 독도연구소가 인근 문화센터에서 '독도의 자연'이라는 제목의 전시회를 열고 있었기 때문이다.

필자 소속 연구실에서도 독도 미생물 관련 전시 자료를 제출하여 그 행사에 참여하였다. 148쪽 위 사진의 오른쪽에서 두 번째 '독도의 미생물' 포스터가 바로 그것이다. 관람객이 그다지 많지는 않았지만 나름대로 의미 있는 전시회였다.

'독도의 자연' 전시회는, 경주 전시회 기간이 너무 짧아서 다시 대중들과 독도가 사진으로 만나는 기획을 통하여 두 차례 더 이어졌다. 그 첫 번째 대구에서의 전시회는 경주 전시회의 일부 내용을 보완하여 2010년 가을 수개월 동안 경북대학교 박물관 특별전시실에서 이루어졌다. 많은 시민과 학생들이 이 기간에 사진과 동영상물을 통하여 독도의 자연을 만났다. 그것들은 일반인의 경우 독도를 직접 방문하더라도 대부분 보기 힘든 자료들이어서 해당 전시회가 더욱 소중하게 평가

될 수 있었다.

그 두 번째 포항에서의 전시회는 2011년 5월 21일부터 27일까지 경북학생문화회관 1층 전시실에서 열렸다. 포항에서의 '독도의 자연전'은 경상북도중등과학교육연구회 주최로 이루어져서 많은 학생들이 관람하는 등 적지 않은 호응을 거두었다. 이처럼 독도의 자연을 담은 영상과 사진 이미지를 매개로 일반시민과 학생들이 독도 문제에 대하여 관심을 가지도록 하는 시도는 앞으로도 지속될 필요가 있다.

독도의 자연에 대한 책

동해에 조용히 솟아 있는 독도가 최근 한일 간 불협화음의 중심에 서게 되었다. 2008년 7월 14일 일본 문부과학성은 자국의 교과서 편찬 시 지침이 되는 중학교 학습지도요령 해설서에 사회과 수업 시 독도에 관한 교육을 실시하도록 하는 내용을 처음으로 기술하여 각 도도부현 교육 담당자들을 대상으로 설명회를 개최함으로써 한일 간에 독도를 둘러싼 심각한 영토 논란 문제를 촉발하였다.

또한 일본은 최근 초등교과서에 독도의 영유권을 주장하며 한국이 독도를 불법 점유하고 있다는 내용을 실어 교육하려는 것으로 알려졌다. 강제병합 100년이 되었고, 세계사적으로 불법으로 정리된 일본의 한반도 식민지 지배를 정당화하는 내용을 후손들에게까지 가르치려는 일본 정부의 모습이 참으로 가련하고 안타깝다. 왜 그렇게 부당한 주장을 하는지 일본의 국력에 걸맞지 않은 불합리한 행동을 이해하기가 어렵다.

그간에도 여러 차례 일본 정부는 독도에 대한 영유권을 주장하였고,

그때마다 한국 측은 땜질식으로 때로는 조용하게 때로는 강경하게 대응해 왔다. 필자가 '땜질식으로'라는 표현을 우리 정부에 대하여 쓰는 것은 조용하게 대응하거나 강경하게 대응하거나 별다른 차이 없이 실제로 지속적이고 근본적인 대책을 마련하지 않았기 때문이다.

객관적인 입장에서 보자면, 일본이나 한국 정부 모두 독도에 대한 영유권을 나름대로 주장할 수는 있지만, 독도 사랑에 대한 진정한 증거물을 내놓아야 결국 주인으로 인정받을 수 있다. 독도 사랑은 일방적인 주장으로 끝날 수 없고 증거물을 국제사회에 내놓아 공인 받음으로써 분쟁을 일단락 시킬 수 있을 것이다.

2008년 경북대학교 울릉도 · 독도연구소는 『독도의 자연』이라는 책을 경북대학교출판부에서 출간하였다. 경북대학교출판부에서는 추후 독도 자연의 제 분야를 소상히 다룬 책을 연쇄적으로 출간할 계획

이다. 2009년 11월 초에는 문화재청의 지원을 받아 경북대학교 울릉도 · 독도연구소에서 한층 완성도를 높여 『한국의 자연유산 독도』라는 책을 출간하였다. 특히 이 책은 한글판과 영문판으로 발행되었으며, 영문판의 경우 2010년 가을 지구촌 곳곳에 일만여 권이 배포되었다. 독도에 대하여 연구한 내용을 책이나 논문 형태로 꾸준히 출간하여 독도 사랑의 증거물을 내놓는 것이 필자를 비롯한 학자들의 사명일 것이다.

그런 점에서 정치인, 외교관, 시민 등은 각자의 자리에서 서로 다른 방식으로 독도 사랑에 대한 증거물을 만들어 영토 지키기 창고에 저장해 나가야 할 것이다. 우리 땅 독도를 지키려면 주장만으로는 부족하고 증거물이 필요한 때이기 때문이다.

독도, '한국의 자연유산'이라는 보고[24]

좀 더 상세히 살펴보자면, 『한국의 자연유산 독도』라는 책은 경북대학교 울릉도 · 독도연구소 소속 연구자들이 글을 쓰고, 문화재청이 재정 지원을 해 탄생한 책이다. 이 저작의 공식적인 발행일은 2009년 11월 4일이지만, 실제로는 2010년 여름 대중에게 제 모습을 드러내었다. 같은 날, 동일한 내용의 영문판 『Natural heritage of Korea, Dokdo』도 함께 출간되었다. 한글판은 수천 권이 찍혀 국내 여러 곳에 기증되었고, 영문판은 일 만여 권이 찍혀 해외에 배포되었다.

『한국의 자연유산 독도』는 그 제목에서 알 수 있듯이, 독도의 자연에 대한 제법 본격적인 대중적 보고의 내용을 담고 있다. 총 11개 장으로 구성된 이 책은 한글판이 306쪽 분량, 영문판이 333쪽 분량인데, 그것을 보더라도 독도의 자연에 대하여 비교적 다양하고 자세한 내용을 담고 있음을 짐작할 수 있다. 책에 실린 내용이 대부분 독도의 자연에 대한 전문적인 연구 결과나 데이터를 바탕으로 해 쉽게 서술하기 어려움에도 불구하고, 대중이 이해할 수 있도록 눈높이를 낮추어 서술하려 애쓴 점이 이 책의 특징이다.

이 책의 전반부는 주로 독도의 지질과 환경적 자연을 다루고 후반부는 독도에 살거나 일시적으로 머무는 생물학적 자연자원을 여럿으로 나눠 다루었다. 구체적으로 전자는 독도 화산섬의 지질(장윤득, 박병준), 독도의 지형(황상일, 박경근), 독도의 기상(이규원, 안광득, 정

24 경북대학교 교수회의 요청으로 뉴스레터에 『한국의 자연유산 독도』라는 책에 대하여 소개한 글이다.

성화), 독도의 토양환경(추연식, 이길성) 등의 장별 제목을 각각 달고 있다. 후자는 독도의 식물상(박재홍, 양지영, 이돈화), 독도의 식생(홍성천, 이중효, 윤충원, 이돈화), 미생물자원의 보고, 독도(김사열), 화분분석 결과로 파악한 독도의 고식생환경(윤순옥, 황상일), 독도의 조류(박희천, 차재석), 독도의 곤충(권오석), 독도의 무척추동물: 해양생태계를 중심으로(황의욱) 등의 장별 제목으로 구성되었다.

『한국의 자연유산 독도』는 비록 독도가 한일 간 영유권 다툼이 해결되지 않은 곳이지만, 저서의 어디에서도 국수주의적 감정이나 주장을 펴지 않고 독도의 자연자원에 대한 객관적 서술로 일관하고 있어서 국제적으로도 독도에 관한 소중한 과학적 저서로 평가될 수 있다고 여겨진다. 앞서 언급한대로, 전반부는 독도가 위치한 울릉분지가 생성된 신생대 후기 이래, 여러 차례 발생했던 화산활동의 산물인 지질자원에 대한 누적 기록과 관련된 환경적 자연에 대한 성세한 정보를 싣고 있다. 후반부는 초기 생명체가 독도에 살게 된 이래, 일시적으로 머물거나 혹은 지속적으로 살게 된 다양한 생물자원에 대한 조사 결과를 담고 있다.

『한국의 자연유산 독도』라는 저작물을 그전에 유사하게 출간된 바 있는 『독도의 자연』(경북대학교출판부, 2008)의 내용과 서로 비교해 보았을 때, 전반부는 기상과 토양환경에 대한 두 부분이 더 실렸다고 할 수 있다. 후반부는 미생물, 고식생환경, 곤충, 무척추동물 등 네 부분에 대한 정보가 새로이 실렸다. 두 책에 겹쳐 실린 분야도 『한국의 자연유산 독도』에는 제법 새로운 정보가 보완되어 있다.

『한국의 자연유산 독도』는 대중적 교양서적이지만, 여러 분야의 다소 전문적 지식을 기반으로 하고 있어서 저자가 다수이다. 구체적으로 23명이나 된다. 이 책은 대부분의 장을 2인 이상의 공동 저자가 저술하였고, 예외적으로 황상일은 두 장(2장과 8장)의 공동저자로 참여하였다. 이와 달리, 김사열, 권오석, 황의욱은 7장, 10장, 11장을 각각 단독으로 저술하였다.

『한국의 자연유산 독도』는 독도의 자연에 대한 과학적 조사나 연구 결과를 담고 있어서 대중적 서술이 어려움에도 불구하고, 한글 중심으로 기록한 것은 칭찬할 만한 시도로 여겨진다. 본문 서술 속에서 필요할 경우에는 한문이나 영문을 한글 표기의 오른쪽에 병치한 것이라든가, 페이지마다 가장자리 박스 속에 간단한 용어 해설을 배치하여 책의 가독성을 높인 것은 바람직해 보인다. 본문과 관련하여 참고했던 중요한 논문이나 저서는 책의 맨 뒤 '참고문헌' 부분에 소개하여 보다 전문적인 내용을 알고자 하는 이들에게 편의를 제공한다.

『한국의 자연유산 독도』는 책의 내용이 다소 전문적이어서 일반인에게 부담을 줄 수 있으므로 사진과 그림, 표 등을 풍성하게 실어 독자들이 독도의 자연 정보에 보다 쉽게 접근하도록 하였다. 이 책에서, 경북대학교출판부 편집진은 탁월한 디자인과 압축된 글로 책의 표지를 꾸며 주었다. 책에 실린 대다수 사진은 저자들이 독도 현지에서 직접 촬영한 것이다. 특별히, 책의 어디에도 기여자로 기록되지 않았지만 사진작가 서영우 씨의 사진 작품이 책의 품격을 높이는 데 큰 몫을 하였다. 책 앞부분에 배치된 '독도의 사계' 사진이나 목차와 각 장의 배경으로 사용된 사진을 보면 알 수 있을 것이다.

이 책은 한글판과 영문판 모두 사진이나 그림을 칼라로 처리하여 독도의 자연에 대한 기록 자료로서 한층 더 생동감을 준다. 더욱이 사진과 그림을 포함한 책의 전체 내용을 PDF 파일로 제작하여 CD에 담아 책의 뒷면에 붙여 놓았다. 독도는 1982년 천연기념물 제336호로 지정되었다가 1999년 천연보호구역으로 명칭이 변경되어 문화재보호법으로 관리되고 있어서, 일반인은 제한된 범위에서만 독도의 자연 자원에 대해 접근할 수 있다. 그런 형편에서, 이 책에 실린 부록형의 CD 자료가 독도 자연자원에 대한 생생한 사진과 그림을 제공하고 있어서 무척 다행스런 일이 아닐 수 없다.

그러나 향후 독도의 자연에 대한 소중한 책으로 기록될 이 저서에도 몇 가지 지적할 점이 있다. 우선 이 책은 어디에서도 그 사실을 언급하지 않고 있지만, 2008년에 간행된 『독도의 자연』이라는 책에 그 내용과 체제를 상당히 빚지고 있다. 새로이 여섯 부분이 추가되었지만 나머지 다섯 부분은 내용이 상당 부분 겹쳐 있기 때문이다.

또한, 한글판 『한국의 자연유산 독도』와 영문판 『Natural heritage of Korea, Dokdo』가 많은 부수로 간행되었지만 비매품이어서 세월이 흐른 후 이 책을 필요로 하는 독자가 막상 이 도서를 구하기가 어렵다는 한계를 지니고 있다. 그 외에도, 이 책이 저자의 이름을 책의 겉표지나 목차, 심지어 각 장에 표시하지 않고 책의 말미 부분에 작게 표시하고 있어서 누가 어느 부분을 서술하였는지 확인이 쉽지 않도록 하여 아쉬움을 준다.

끝으로, 『한국의 자연유산 독도』를 읽어 보면 독도의 진짜 주인은 특정 인간집단이라기보다는 미생물과 식물, 동물 등을 포함한 다양한 생태계 생명체임을 실감할 수 있다. 그래서 이 시대 이 땅을 사는 과학자가 그러한 독도의 생명체에 대하여 진정한 애정을 가지고 연구한 결과를 기록하고 그것을 지구촌 곳곳에 두루 알리는 것은 바람직한 일이 아닐 수 없다. 애정의 증거로서 자연에 대한 기록은 참으로 소중하기 때문이다.

Tip

독도 문제를 둘러싼 한일 간 정치와 문화 (2) : 한국 측

독도 문제를 둘러싼 일본 측 주장에 대한 한국 측 대응은 대체로 조용하거나 지나친 감정적 대응이 주를 이뤄 왔습니다. 2008년 7월 9일 열렸던 홋카이도 한일정상회담에서 후쿠다 야스오 당시 총리가 "다케시마를 (중학교 사회과목 학습지도요령 해설서에) 표기하지 않을 수 없다."고 통보하자, 이명박 대통령이 "지금은 곤란하다. 기다려 달라."고 요청했다는 한 일본 언론의 보도가 있었습니다. 당시 진위 논란이 일자, 청와대 대변인은 "사실무근"이라고 답했습니다.

그런데 최근 2012년 2월 20일자로 '위키리크스'가 공개한 당시 7월 17일에 작성된 외교전문 내용에 의하면, 이 대통령이 "기다려 달라(hold back)."고 말한 것으로 나와 있습니다. 독도 문제에 대한 정치인들의 모호하고 자신감 없는 태도는 역대 대통령 대부분이 비슷합니다. 해마다 독도 문제가 논란이 되어도 직접 독도를 방문한 대통령은 없습니다. 러-일 영유권 분쟁이 일고 있던 쿠릴열도의 나구시리 섬을 2010년 11월 1일 메드베데프 대통령이 직접 방문한 것과 대조를 이루는 부분입니다. 독도 문제에 대하여 괜히 한일 간 논쟁을 일으킬 필요는 없지만 때로 필요할 경우 국가의 정치 지도자는 단호해야 한다고 필자는 여깁니다.

그와는 달리, 다소 이례적인 일이 2011년 5월 24일에 일어났습니다. 국회 독도특위 위원장인 민주당 강창일 의원과 문학진, 장세환 등 세 의원이 쿠릴열도 가운데 러-일 간 영토분쟁을 빚는 4개 섬 중 하나인 쿠나시르 섬을 둘러봤기 때문입니다. 이를 두고 당시 일본 측 보수 언론에서는 일본 우익이 한국의원 쿠릴 방문 때문에 '패닉'에 빠졌다고 보도하였습니다. 동시에 그 언론은 "한국 국회의원의 북방영토 방문은 한국이 다케시마를 실효 지배하고 있는 현실을 일본 측에 강조함으로써 일본 정부를 흔들려는 저의가 있다."고 분석하기도 하였습니다. 한일 간 독도 문제를 풀어가기 위하여 국제적 공조나 다각적 접근이 필요함을 암시해 주는 대목입니다.

2011년 8월 일본 자민당 소속 세 의원의 한국 입국이 금지된 직후, 케이팝 6인조 그룹 '비스트'가 일본 입국심사를 통과하지 못하고 일본 하네다공항에서 되돌아온 일이 벌어졌습니다. 입국이 허락되지 않은 정확한 이유는 알려지지 않았으나, 한국 측 일부 네티즌들은 평소 방송에서 "독도는 우리 땅"이라고 말해 온 비스트에 대하여 일본정부가 다소 까다롭게 입국심사를 적용한 탓이라는 견해를 내놓기도 하였습니다.

독도 문제와 관련하여 일본 측 주장에 대해 감정적으로 대응하기보다는 대중적 관심을 모으기 위하여 다양한 종류의 독도테마 문화활동을 지속적으로 펼칠 필요가 있습니다. 예를 들자면, 2011년 10월 28일, 동도에서 열렸던 한복디자이너 이영희 씨의 패션 쇼 '바람의 옷, 독도를 품다'와 같은 것입니다. 독도에서 열린 첫 패션쇼에서, 삼국시대 의상과 현대 스타일의 한복을 선보이면서 이영희 씨는 "삼국시대부터 우리 민족이 독도의 주인이었음을 알리고자 하였다."라며 패션쇼의 취지를 밝혔습니다.

2011년 8월 27일 필자가 독도를 방문했을 때에도 한 서예가가 짧은 체류 시간 동안에 미리 준비해 온 행위예술을 통하여 독도사랑을 표현하는 모습을 본 적이 있습니다. 아래 사진에 찍힌 것처럼, 한 예술가의 자발적이고 개인적인 발상이었지만 여러 방문객이 힘을 보태어 함께 작품을 완성해 가는 모습은 무척 인상적이었습니다.

그렇듯이 독도 영유권 문제 풀기는 정부에만 맡겨 놓을 수 없으며, 우리 국민이 해야 할 몫이 있습니다. 무엇보다 독도 문제에 지속적인 관심을 가지고, 각자의 위치와 자리에서 '독도가 우리 땅'이라는 다양한 증거를 꾸준히 확보해야 할 것입니다.

1. 경북대학교 울릉도 · 독도연구소.『독도의 자연』. 경북대출판부, 대구, 한국. 2008.
2. 경북대학교 울릉도 · 독도연구소.『한국의 자연유산 독도』. 문화재청, 서울, 한국, 2009.
3. 경북대학교 울릉도 · 독도연구소. (2008).『2007 독도 천연보호구역 모니터링 사업』. 문화재청, 경상북도.
4. 경북대학교 울릉도 · 독도연구소. (2009).『2008 독도 귀화식물 · 외래종 조사 및 제거사업 학술용역』. 문화재청, 울릉군.
5. 경북대학교 울릉도 · 독도연구소. (2010).『2009 독도 천연보호구역 모니터링 사업』. 문화재청, 경상북도.
6. Bae, S. S., Kwon, K. K., Yang, S. H., Lee, H.-S., Kim, S.-J. and Lee, J.-H. (2007). *Flagellimonas eckloniae* gen. nov., sp. nov., a mesophilic marine bacterium of the family *Flavobacteriaceae*, isolated from the rhizosphere of *Ecklonia kurome*. *Int. J. Syst. Evol. Microbiol*. 57:1050-1054.
7. Choi, E. H., Lee, S. E., Yoon, K. S., Kwon, D. K., Sohn, J. K., Park, S. H., Han, M. S., and Ghim, S.-Y. (2003). Isolation of nitrogen-fixing bacteria from gramineous crops and measurement of nitrogenase activity. *Kor. J. Microbiol. Biotechnol.* 31:18-24.
8. Engelgard, M., Hurek, T. and Reinhold-Hurek, B. (2000). Preferential occurrence of diazotrophic endophytes, *Azoarcus* spp., in wild rice species and land races of *Oryza sativa* in comparison with modern races. *Environ. Microbiol.* 2:131-141.
9. Hahm, M.-S., Sumayo, M., Hwang, Y.-J., Park, S.-J., Jeon, S.-A., Lee, J.-Y., Ahn, J.-H., Kim, B.-S., Ryu, C.-M., and Ghim, S.-Y. (2012). Biological control capacity of Dokdo-derived rhizobacteria on pepper under

greenhouse and field conditions. *J. Microbiol.* (in press).

10. Ham, M.-S., Park, Y.-M., Sung, H.-R., Sumayo, M., Ryu, C.-M., Park, S.-H., and Ghim, S.-Y. (2009). Characterization of rhizobacteria isolated from family *Solanaceae* plants in Dokdo island. *Kor. J. Microbiol. Biotechnol.* 37:110-117.
11. Jeon, S.-A., Sung, H.-R., Park, Y.-M., Pak, J.-H., and Ghim, S.-Y. (2009). Analysis of endospore-forming bacteria or nitrogen-fixing bacteria community isolated from plants rhizosphere in Dokdo island. *Kor. J. Microbiol. Biotechnol.* 37:189-196.
12. Jeon, S.-A, Sung, H.-R., Oh, T.-K. and Ghim, S.-Y. (2012). *Paenibacillus dokdonensis* sp. nov., from rhizosphere of plant in Dokdo island, J. Microbiol(submitted).
13. Kim, D., Lee, J.-S., Kim, J., Kang, S.-J., Yoon, J.-H., Kim, W.-K., and Lee, C.-H. (2007). Biosynthesis of bile acids in a variety of marine bacterial taxa. *J. Microbiol. Biotechnol.* 17:403-407.
14. Lee, H.-S., Kwon, K.-K., Yang, S.-H., Bae, S.-S., Park, C.-H., Kim, S.-J., and Lee, J.-H. (2008). Description of *Croceitalea* gen. nov. in the family *Flavobacteriaceae* with two species, *Croceitalea eckloniae* sp. nov. and *Croceitalea dokdonensis* sp. nov., isolated from the rhizosphere of the marine alga *Ecklonia kurome*. *Int. J. Syst. Evol. Microbiol.* 58:2505-2510.
15. Lee, J. H., Shin, H. H., Lee, D. S., Kwon, K. K., Kim, S. J., and Lim, H. K. (1999). Bacterial diversity of cultivable isolates from sea water and a marine coral, *Plexauridae* sp. near Mun-Sum, Cheju-Island. *J. Microbiol.* 37:193-199.
16. Nedashkovskaya, O. I., Kwon, K. K., and Kim, S. J. (2009). Reclassification of Donghaeana dokdonensis Yoon *et al.* 2006 as *Persicivirga dokdonensis* comb. nov. and emended descriptions of the genus *Persicivirga* and *Persicivirga xylanidelens* O'Sullivan *et al.* 2006. *Int. J. Syst. Evol. Microbiol.* 59:824-827.
17. Park, S.-J., Lee, N.-Y., Kim, W.-J., and Ghim, S.-Y. (2010). Use of bacteria isolated from Dok-do for improving compressive strength and

crack remediation of cement-sand mortar. *Kor. J. Microbiol. Biotechnol.* 38:216-221.

18. Park, S. C., Baik, K. S., Kim, M. S., Chun, J. and Seung C. N. (2008). *Nocardioides dokdonensis* sp. nov., an actinomycete isolated from sand sediment. *Int. J. Syst. Evol. Microbiol.* 58:2619-2623.
19. Park, Y.-D., Yi, H., Baik, K. S., Seong, C. N., Bae, K. S., Moon, E. Y. and Chun, J. (2006). *Pseudomonas segetis* sp. nov., isolated from soil. *Int. J. Syst. Evol. Microbiol.* 56:2593-2595.
20. Sung, H. R. and Ghim, S.-Y. (2010). Bacterial diversity and distribution of cultivable bacteria isolated from Dokdo island. *Kor. J. Microbiol. Biotechnol.* 38:263-272.
21. Sung, H.-R., Yoon, J.-H. and Ghim, S.-Y. (2012). *Shewanella dokdonensis* sp. nov., isolated off the Dong-do coast at Dokdo island, Korea. *Int. J. Syst. Evol. Microbiol. 61* (in press).
22. Yoon, J.-H., Kang, S.-J., Lee, C.-H., and Oh, T.-K. (2005). *Dokdonia donghaensis* gen. nov., isolated from sea water. *Int. J. Syst. Evol. Microbiol.* 55:2323-2328.
23. Yoon, J.-H., Kang, S.-J., Lee, C.-H., and Oh, T.-K. (2006). *Donghaeana dokdonensis* gen. nov., sp. nov., isolated from sea water. *Int. J. Syst. Evol. Microbiol.* 56:187-191.
24. Yoon, J.-H., Kang, S.-J., Lee, S.-Y., Lee, M.-H., and Oh, T.-K. (2005). *Virgibacillus dokdonensis* sp. nov., isolated from a Korean island, Dokdo, located at the edge of the East Sea in Korea. *Int. J. Syst. Evol. Microbiol.* 55:1833-1837.